はじめてでもできる
Autodesk Fusion 入門 改訂新版

THE BEGINNER'S GUIDE TO
Autodesk Fusion

田中正史 Masafumi Tanaka

技術評論社

ご注意：ご購入・ご利用の前に必ずお読みください

- 本書に記載された内容は、情報の提供のみを目的としています。したがって、本書を参考にした運用は、必ずご自身の責任と判断において行ってください。本書の運用の結果につきましては、弊社および著者はいかなる責任も負いません。

- 本書に記載されている情報は、特に断りが無い限り、2025年3月時点での情報に基づいています。ご利用時には変更されている場合がありますので、ご注意ください。

- 本書は、著作権法上の保護を受けています。本書の一部あるいは全部について、いかなる方法においても無断で複写、複製することは禁じられています。

- 本書で掲載している操作画面は、特に断りが無い場合は、Windows 11上でAutodesk Fusionを使用した場合のものです。

■Autodesk Fusionは、Autodesk, Inc. (オートデスク社) の米国ならびに他の国における商標または登録商標です。その他、本文中に記載されている会社名、団体名、製品名などは、それぞれの会社・団体の商標、登録商標、商品名です。なお、本文中にTMマーク、®マークは明記しておりません。

はじめに

私がAutodesk Fusion(以下Fusion)を知ったのは10年ほど前になりますが、当初はインターネット上で動作する(クラウドベース)CADにはあまり興味がありませんでした。その後、なんとなく使い始めてみたところ今では多くの方に操作方法などをお伝えできるまでになりました。

私はこれまでにいくつかの3次元CADで作業をしてきましたが、PCに丸ごとソフトウェアをインストールし、年に1回バージョンアップが行われるのが常識でした。Fusionがこれまでと違うのは、インターネット上で管理され動作するため、最低限のソフトウェアをインストールし、バージョンアップは日々行われているという点や場所を固定せずに作業ができる点です。

3次元CADの導入に関しては高価のため、ためらっていたり、うまく活用ができるかなど心配が尽きません。Fusionはとても低価格で導入することができますし(個人利用では無償)、多数の出版物やYou Tubeなども公開されていますので、導入をお勧めします。

本書では、初めてFusionで操作する方を対象に基本操作を習得することから始め、スケッチ、パーツモデリング、アセンブリとステップを踏んでいきます。画像と手順を並べることで操作を分かりやすくし、Fusion特有の癖、日ごろ講習で説明している内容やよくある質問を、CheckやPoint、Memoといった形で説明していますので、他の3次元CADから移行する方にも操作や機能の確認をしていただけると思います。

2022年の1作目以降、Fusionは頻繁にバージョンアップされています。この度2作目を出版させていただくことになりましたが、基本的な操作は大きく変わっていませんので、1作目を購入いただいた方にも、新たにFusionの機能を知っていただけるよう作例を一新しました。

本書が、3次元CAD Fusionの活用に結びつくことを願っております。

最後に本書出版にあたり私の知人をはじめ、多くの方々にお知恵をいただき、株式会社技術評論社には、編集・出版にあたりご尽力をいただきました。また、同社渡邉健多氏には執筆に関して多々アドバイスを頂き、この場をお借りして感謝申し上げます。

2025年3月
著者

本書の使い方

この章で行うこと

各章の最初には、その章で使う機能の説明やポイントとなる操作をまとめています。

本書の使い方

操作説明

本文は 1 、 2 、 3 ……の順番に手順が並んでいます。手順を追って操作してください。

それぞれの手順には ❶、❷、❸……のように数字が入っています。
操作画面内には、この数字に対応する数字があり、操作を行う場所と操作内容を示しています。

ここで使用しているサンプルファイルを示します。

操作のコツや補足説明です。

操作する時の注意点を説明しています。

5

サンプルファイルのダウンロード

本書で使用しているサンプルファイルは、小社Webサイトの本書専用ページよりダウンロードできます。

1 Webブラウザを起動し、下記の本書Webページにアクセスします。

https://gihyo.jp/book/2025/978-4-297-14768-6/support

2 サンプルファイルのダウンロードページが表示されます。[サンプルファイル（Fusion_sample.zip）]をクリックします。

3 [開く]をクリックします。

4 ダウンロードが終わるとエクスプローラーが起動します。[すべて展開]をクリックします。

5 [参照]をクリックして展開先のフォルダーを選択し、[展開]をクリックすると、ZIPファイルが展開されます。

6 ファイルが展開されます。ダウンロードファイルの内容を確認できます。

ダウンロードファイルの内容

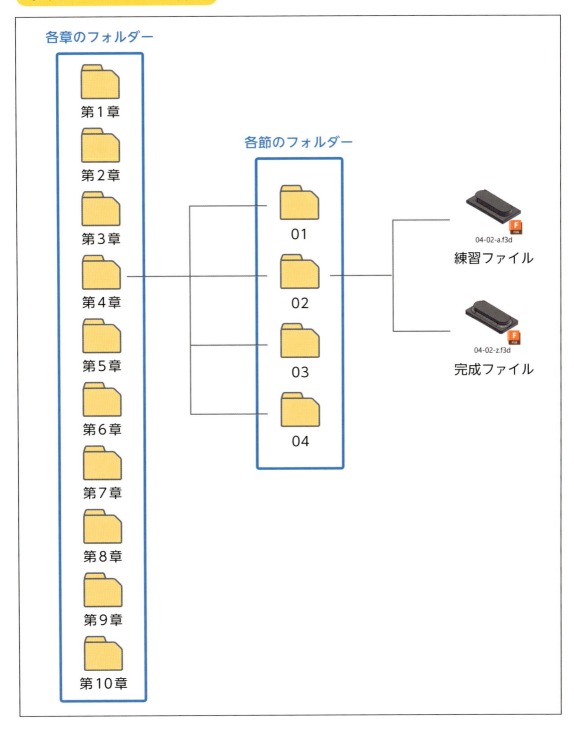

- ダウンロードしたZIPファイルを展開すると、章ごとのフォルダーが現れます。
- 章ごとのフォルダーを開くと、「01」「02」……と節ごとのフォルダーにわかれています。
- 使用する練習ファイルは、本文中にファイル名を記載しています。なお、サンプルファイルが無い章や節もあります。

目次

第1章

Fusionの基本 15

Section 01	Autodesk Fusionとは	16
Section 02	Fusionをインストールする（2025年2月現在）	18
Section 03	Fusionのライセンスと使用制限	20
Section 04	Fusionの起動と終了	22
Section 05	チームを作成する	26
Section 06	Fusionの基本画面	28
Section 07	プロジェクトを作成する	32
Section 08	初期設定を行う	34
Section 09	データをアップロードする	36
Section 10	Fusionで扱えるデータの種類と用途	39
Section 11	マウス操作と表示の切り替え	40
Section 12	ファイルを保存する	44

第2章

プリミティブ機能で「立体」を作ろう ——————— 47

この章で行うこと ————————————————————— 48

Section 01 直方体を作成する ————————————————— 50

Section 02 円柱を作成する ——————————————————— 52

Section 03 球を作成する ———————————————————— 54

Section 04 直方体と円柱を組み合わせる（結合） —————— 56

Section 05 円柱と球を組み合わせる（切り取り） —————— 58

Section 06 直方体と球を組み合わせる（交差） —————— 60

第3章

モデリングの作成手順を知ろう ——————— 63

この章で行うこと ————————————————————— 64

Section 01 スケッチの描き方を知る —————————————— 66

Section 02 幾何拘束の付け方を知る —————————————— 70

Section 03 寸法の入れ方を知る ———————————————— 74

Section 04 結合の使い方を知る ———————————————— 80

Section 05	切り取りの使い方を知る	82
Section 06	交差の使い方を知る	84
Section 07	編集の仕方を覚える	86
Section 08	材料や色の付け方を知る	92

第4章

押し出しフィーチャで「プレート」を作ろう ... 95

	この章で行うこと	96
Section 01	ベースを作成する	98
Section 02	角を丸める	104
Section 03	文字を作成してカットする	106
Section 04	フィーチャ(文字)を編集して押し出す	110

第5章

回転フィーチャで「画鋲」を作ろう ... 115

	この章で行うこと	116
Section 01	画鋲本体を作成する	118
Section 02	針を作成する	123
Section 03	角を丸める	126
Section 04	本体と針に材料を割り当てる	130

第6章
スイープと構築平面で「デスクライト」を作ろう ……… 137

　　　　　　この章で行うこと ……… 138
Section 01　ベースを作成する ……… 140
Section 02　ライトカバーを作成する ……… 150
Section 03　スイープで支柱を作成する ……… 159
Section 04　ライトを作成する ……… 171

第7章
ロフトとシェルで「ロート」を作ろう ……… 177

　　　　　　この章で行うこと ……… 178
Section 01　本体を作成する ……… 180
Section 02　角を丸める ……… 188
Section 03　シェルで薄肉化する ……… 192
Section 04　先端をカットする ……… 194

第8章

「蝶番」を作ろう —— パーツ作成 ……201

この章で行うこと ……202

Section 01 　蝶番Aを作成する ……204

Section 02 　蝶番Bを作成する ……226

Section 03 　結合ピンを作成する ……234

Section 04 　各部を計測する ……254

第9章

「蝶番」を作ろう —— アセンブリ作成 ……259

この章で行うこと ……260

Section 01 　アセンブリの基本操作について知る ……262

Section 02 　ジョイントについて知る ……268

Section 03 　アセンブリの編集について知る ……280

Section 04 　締結部品を組み付ける ……290

第10章
3Dプリンターの豆知識 ……………………………………… 295

　　　　　この章で行うこと ……………………………………………296
　Section 01　3Dプリンターの原理 …………………………………297
　Section 02　FDM方式の3Dプリンターの最新事情 ………………298
　Section 03　3Dプリントのコツ ……………………………………299
　Section 04　プリントの印刷方向 …………………………………300
　Section 05　内部充填率 ……………………………………………301

　　　　　索引 ……………………………………………………………302

第1章

Fusionの基本

Autodesk Fusionとは

Section 01

Fusion は、正式名称を「Autodesk Fusion」といい、CAD・CAM・CAE・PCB など設計・製造機能が統合された、クラウド型の CAD システムです。

これまでは、パソコン（以下PC）でCADなどのアプリケーション（以下アプリ）を使用する場合、PCにアプリ全体をインストールして作業するのが一般的でした。ここ数年はインターネットの環境が整い、ノートPCやモバイル端末があればどこでもインターネットが楽しめるようになりました。さらに通信スピードも速くなったことにより、アプリの一部をインストールすることで、PCの制限なくさまざまな場所で作業することができるようになりました。

CADでの作業もそのように変化してきています。Fusionは、その代表的な3D CADソフトウェアです。3D CADといえばひと昔前までは、PCの処理スピードが要求されるため大変高価なPCを購入する必要がありましたが、このFusionの登場で、スマートフォンでもファイルを見ることができるようになりました（モデリングなどは行えません）。このような方式を「クラウド型」といいます。Fusionの登場以降、CAD各社はこの「クラウド型」も併売しつつあるようです。「クラウド型」のアプリはCADだけではなく、文章ソフトや表計算、画像処理などのアプリケーションもぞくぞくと登場しています。クラウド型は、インターネット環境と端末さえあればどこでも作業ができるのが最大のメリットです。空港での待ち時間や出張先でのホテルでも作業ができます。また、これまでは、メールなどでデータを送って確認していた情報も、アプリを共有することでその手間もだいぶ少なくなってきています。

クラウド型のもう一つのメリットは、PCのハードディスクの容量が圧迫されないということです。作成したデータは基本的に、PCに保存せずサーバー上に保存されますので、容量を気にせず作業ができます。

万が一通信環境に不具合が起きた場合でも、一時的にオフラインでの作業も可能です。

Fusionは、クラウドでアプリを管理しているため定期的にバージョンアップされます。そのためユーザーは常に最新のバージョンを使用できます。これまでの3D CADはバージョンの違いによる互換性が無いのが大きな問題でした。Fusionはそのような問題の解決も行われています。FusionはCAD利用者にとってとても大きなメリットがあります。

インストール型（Inventorなど）とクラウド型（Fusion）の比較

インストール型（Inventorなど）

WEBからダウンロードまたはDVDメディアなどからインストール

インストール型は、必要なファイル全体をPCにインストールし、作成したファイルは、ハードディスクに保存します。そのためPCのハードディスクを圧迫します。タブレットやスマホでデータを確認することができません。

クラウド型（Fusion）

WEBからダウンロード

クラウド型は最小限のファイルをPCにインストールし、作成したファイルはクラウドに保存します。そのためPCのハードディスクを圧迫しません。また、タブレットやスマホを使って、モデルの確認やアップロードなどが行えます。

第 1 章 Fusion の基本

Section 02 Fusionをインストールする（2025年2月現在）

Fusionのインストールは、個人利用、商用利用にかかわらず検索サイトで「Fusion」で検索し、「Autodesk Fusion」をクリックします。

Fusionのダウンロードとインストール

Fusionのインストールは、Autodesk社のWebサイト（https://www.autodesk.com/jp/products/fusion-360/）から行います。検索サイトで検索するなどしてアクセスします。

Fusionのダウンロードは、商用利用の場合と個人利用の場合で操作が異なります。また、ダウンロードにはAutodeskアカウントが必要になるので、画面の指示にしたがって作成してください。

Autodesk Fusion をどのように使用する予定ですか？

プロフェッショナル、チーム、組織向け

🗂 **Fusion 無償体験版**

全機能にアクセスできる 30 日間無償体験版です。チームや組織間のコラボレーションに最適です。

- CAD/CAM/CAE/PCB の全機能
- 複数ユーザー間のコラボレーションとデータ管理機能
- 図面の自動作成、モデリング、コンフィギュレーション、ジェネレーティブ デザインなどの AI 機能
- 専門の担当者による電話、電子メール、製品内チャットサポート
- 無制限のドキュメント、すべてのファイル形式の読み込み/書き出しに対応
- Fusion 拡張機能の高度な機能にアクセス

愛好家向け（機能制限付き）

👤 **個人用 Fusion**

非商用プロジェクトに利用可能な、愛好家向けの機能制限付き無償版です。基本機能にアクセスできます。

- CAD/CAM/CAE/PCB の一部機能
- 単一ユーザーのデータ管理
- サポートはフォーラムのみ利用可能
- 10 点のアクティブなドキュメント、一部ファイル形式の読み込み/書き出し

[無償体験版を開始] ← どちらかをクリック → [機能制限付き無償版をダウンロード]

必要事項を記入し、同意のチェックを付けて「アカウントを作成」をクリックします。その後は、画面の指示に従ってください。

Section 03 Fusionのライセンスと使用制限

Fusionは、個人で利用する場合の無償版と企業などで商用として使用する場合の有償版があります。有償版は使用に制限はありませんが、無償版には様々な制限があります。ここでは、本書の練習を行う際に影響のある制限解除について説明します。

無償版での制限

この制限はプロジェクトごとではなく、1アカウントごとですので、各保存場所に編集可能ファイルがないかを確認してください。

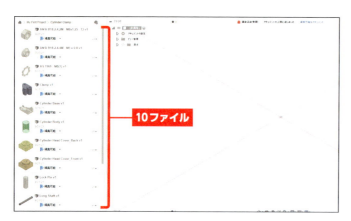

1 「編集可能」が10ファイルになると、[保存]や[名前を付けて保存]ができなくなります。

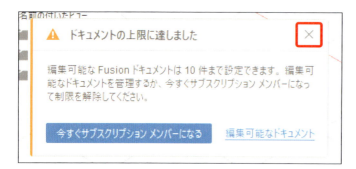

2 また、左図のようなメッセージがでます。[X]をクリックしてください。

ドキュメント(ファイル)数が上限に達した場合の対処法

「ドキュメントの上限に達しました」というエラーが表示された場合は、ファイルを読み込み専用にして編集可能なファイルを減らします。読み込み専用にしたファイルは、同じ手順で編集可能に戻すことができます。

1. ［編集可能］をクリックし❶、［読み込み専用］をクリックします❷。

2. ［読み込み専用にする］をクリックします❶。

3. ［ファイル］をクリックし❶、［保存］をクリックします❷。

Section 04 Fusionの起動と終了

Fusionはクラウド上で使用するアプリのため、起動後に「ログイン」を行います。ID、パスワードさらに2段階認証の設定をしている場合は、コードを入力します。Fusionを終了する場合は、「サインアウト」を行います。

1 Fusionを起動する

デスクトップの[Autodesk Fusion]をダブルクリックします❶。

> ✓ **Check**
> デスクトップにない場合は、[スタート]→[Autodesk Fusion]をクリックします。

2 サインインする

[サインイン]をクリックします❶。

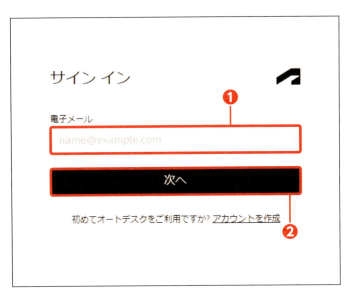

3　メールアドレスを入力する

[メールアドレスまたはID]を入力し❶、[次へ]をクリックします❷。

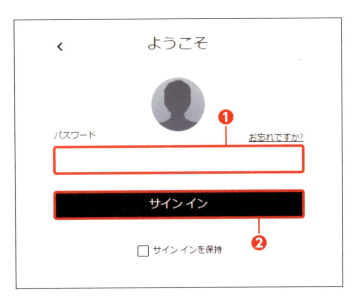

4　パスワードを入力する

[パスワード]を入力し❶、[サインイン]をクリックします❷。

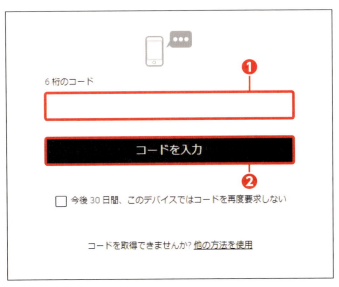

5　コードを入力する

[コード]を入力し❶、[コードを入力]をクリックします❷。

 Check

2段階認証の設定がされていない場合は、この画面は表示されません。また、起動後にチーム作成の画面が表示されたら、P.26を確認してください。

6 製品に移動する

［製品に移動］をクリックします❶。

7 AIMを開く

［Autodesk Identity Managerを開く］をクリックします❶。

📝 Memo　2段階認証について

2段階認証用に登録した携帯電話のSMSやメールアドレスに6桁のコードが送られてきます。2段階認証とは、本人がログインしようとしているのかを見極めるためのさらなるセキュリティです。「Autodesk Account」→「セキュリティ」で検索し、画面の指示に従います。

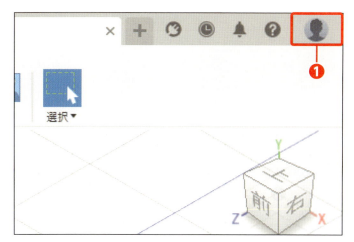

8 Fusionを終了する

［ログインアイコン］をクリックします❶。

9 サイン アウトする

［サイン アウト］をクリックします❶。

📝 Memo　セッション数の超過について

Fusionにログインしたまま、他の場所でログインしようとすると「アクティブなセッション数が超過しました」というメッセージが出る場合があります。状況にあった選択をして［続行］をクリックします。

第 1 章　Fusion の基本

Section
05
チームを作成する

チームとは、ユーザーごとに割り当てられるクラウド ワークスペースで 1 人が所有できるチームは 1 つだけです。Fusion を初めて起動すると作成を求められるため、作成の手順を記します（ライセンスによって多少の違いがあります）。

チームの作成

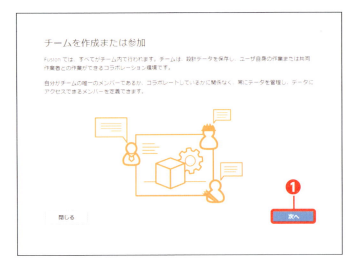

1　チームを作成または参加する

［次へ］をクリックします❶。

✓ **Check**

個人利用の場合は、「ハブを作成」になります。

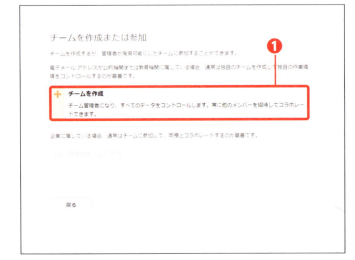

2　チームを作成する

［チームを作成］をクリックします❶。

✓ **Check**

すでにチームが作成されている場合や個人利用の場合は選択はできません。

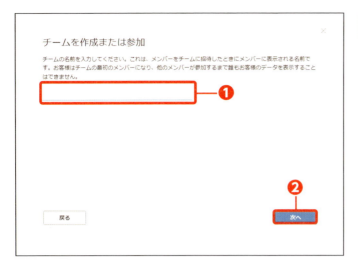

3 チーム名を入力する

チーム名を入力し❶、[次へ]をクリックします❷。

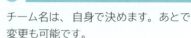

チーム名は、自身で決めます。あとで変更も可能です。

4 許可を選択する

[発見を許可しない]または[発見と自動参加を許可]を選択して❶、[作成]をクリックします❷。

5 準備完了

[移動先チーム]をクリックします❶。

Section 06 Fusionの基本画面

Fusionの初期画面で、ユーザーインターフェイスといいます。各部の名称を記します。本書内で頻繁に出てきますので、覚えましょう。

 Fusionの画面

Fusionの基本画面は次の様になっています。なお、起動したときにホームタブが表示された場合は、[×]をクリックして閉じてください。

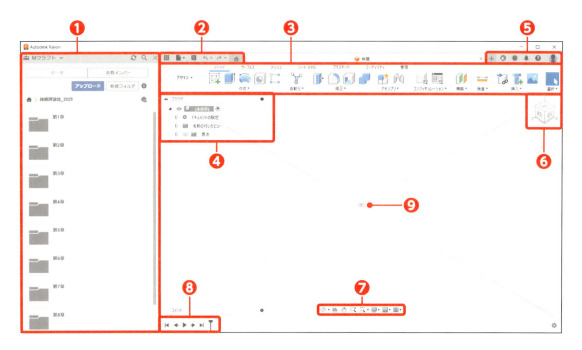

番号	名称	用途
❶	データパネル	データの保存や確認、削除、移動などを行う
❷	アプリケーションバー	データパネルの開閉、作業のやり直しなどを行う
❸	ツールバー	作業スペースの切り替えとコマンドの実行
❹	ブラウザ	原点と基準の表示、スケッチやボディの表示などを行う
❺	ジョブステータス・ヘルプ・通知などのアイコン	Fusionの更新や基本設定、サインアウトを行う
❻	ビューキューブ	モデルの表示方向を変更する
❼	ナビゲーションバー	モデル表示の各種変更を行う
❽	タイムライン	履歴の確認や入替え、スケッチやフィーチャの編集を行う
❾	原点	3次元空間での基準

ツールバーについて

ツールバーには、「作業スペース」と「コマンド類」が配置されています。作業スペースでメイン作業を切り替えると、作業に合わせたコマンド類に変更されます。

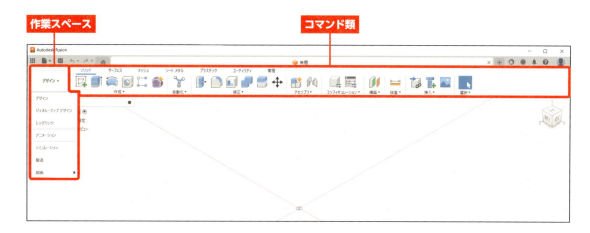

作業スペース：デザイン
ソリッドモデルを作成する場合に使用します。

作業スペース：デザイン
サーフェスモデルを作成する場合に使用します。

作業スペース：シミュレーション
構造解析を行う場合に使用します。

作業スペース：製造
工具パスを作成する場合に使用します。

作業スペース：図面
2D図面を作成する場合に使用します。

ブラウザについて

ブラウザでは、主にモデル作成時に必要な要素（原点やスケッチなど）の表示/非表示を切り替えます。「◢」をクリックして開閉します。

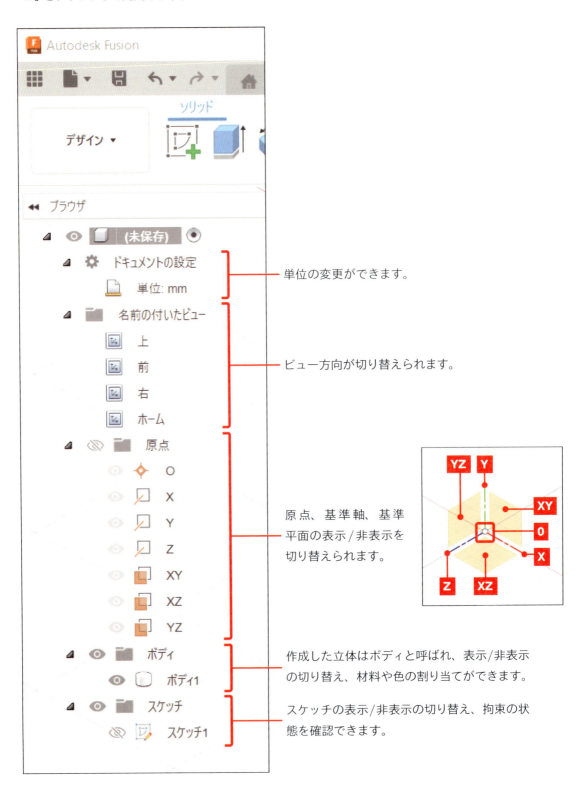

Fusionの更新（アップデート）

Fusionは不定期に更新（アップデート）されます。新しいバージョンが利用可能になったら更新しましょう。更新中も作業は進められますが、作業内容によっては、影響が出る場合があります。更新がある場合は、ジョブステータスに表示されます。

ジョブステータス

ジョブステータスに「1」が表示されていたらクリックします。

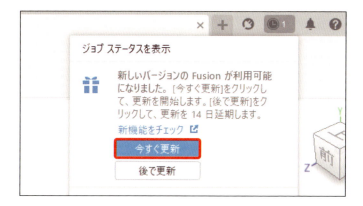

［今すぐ更新］をクリックします。

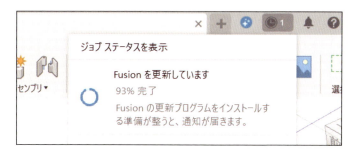

進捗を確認します。

更新が終わったら、［Fusionを再起動］をクリックします。

Section 07 プロジェクトを作成する

Fusionで作成したデータは、インターネットを通じてサーバーに保存します。ファイルの保存先としてプロジェクトを作成します。また、必要に応じてプロジェクト内に、フォルダを作成することもできます。ここでは、プロジェクトの作成方法について説明します。

プロジェクトの作成

1　データパネルを開く

[データパネルを開く]をクリックします❶。

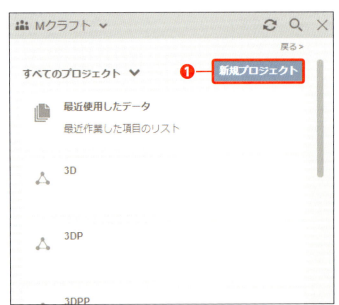

2　新規プロジェクトを開始する

[新規プロジェクト]をクリックします❶。

新規プロジェクトが見つからない場合は、🏠をクリックします。

3 プロジェクト名を入力する

「AFSN」と入力し❶、Enter を押します。

4 プロジェクトをアクティブにする

プロジェクト［AFSN］をダブルクリックします❶。

5 データパネルを閉じる

［データパネルを閉じる］をクリックします❶。

✓ **Check**

データパネルを閉じることで作業領域が広がり、コマンドアイコンもより多く表示されます。

第 1 章 Fusion の基本

初期設定を行う

Fusion でモデリングを行うにあたり、本書と相違なく操作できるよう影響がでやすい部分の初期設定を行います。

基本設定を行う

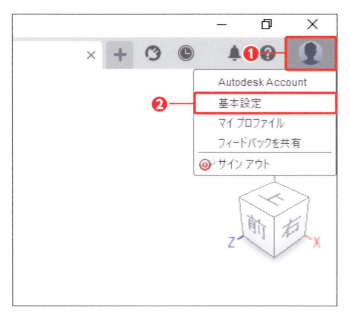

1 基本設定を表示する

[アカウント名]をクリックし❶、[基本設定]をクリックします❷。

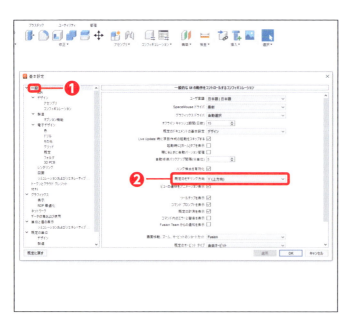

2 一般を設定する

[一般]をクリックし❶、既定のモデリング方向の[Y（上方向）]をクリックします❷。

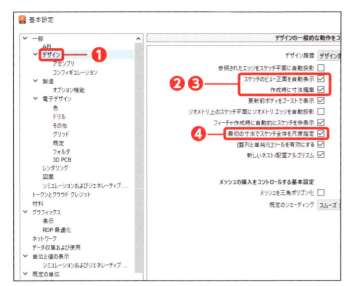

3　デザインを設定する（1）

[デザイン]をクリックし❶、「スケッチのビュー正面を自動表示」、「作成時に寸法編集」と「最初の寸法でスケッチ全体を尺度指定」にチェックを付けます❷❸❹。

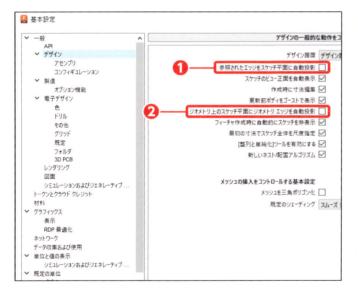

4　デザインを設定する（2）

「参照されたエッジを〜」と「ジオメトリ上のスケッチ平面に〜」のチェックを外します❶❷。

5　材料を設定する

[材料]をクリックし❶、物理マテリアルの[鋼]をクリックします❷。[OK]をクリックします。

第 1 章　Fusion の基本

Section 09　データをアップロードする

▼サンプルファイル
練習　01-09-a.f3d
完成　―

演習を行うには、作成したプロジェクトに練習ファイルを「アップロード」する必要があります。また、完成ファイルを見るのも同様です。ここでは、ファイルのアップロード手順について説明します。

ファイルをアップロードする

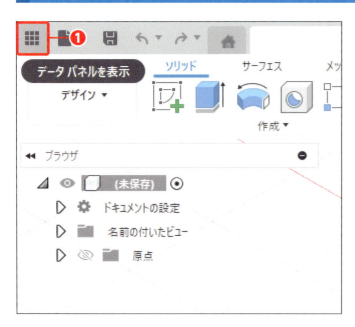

1　データパネルを開く

［データパネルを表示］をクリックします❶。

2　プロジェクトを指定する

［AFSN］をダブルクリックします❶。

3 アップロードの準備をする

［アップロード］をクリックします❶。

4 選択ボタンを押す

［ファイルを選択］をクリックします❶。

5 ファイルを選択する

［01-09-a.f3d］を選択して❶、［開く］をクリックします❷。

ファイルはFusionデータの第1章にあります。

6 アップロードする

［アップロード］をクリックします❶。

✓ Check

アップロードする「場所」を必ず確認しましょう。

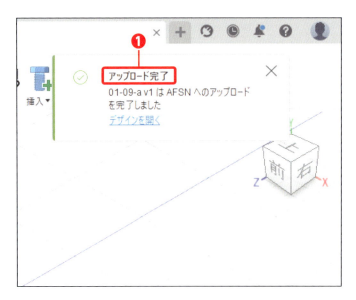

7 アップロードを終了する

「アップロード完了」のメッセージを確認します❶。

8 ファイルを開く

［01-09-a.f3d］をダブルクリックします❶。

✓ Check

アップロードしたファイルは、データパネルで確認します。

第1章 Fusionの基本

Section 10 Fusionで扱えるデータの種類と用途

Fusionでは、他社製のCADや中間ファイル形式をインポート（アップロード）できます。サポートされている主なファイル形式とその用途について記します。なお、商用利用では表のすべてのファイルを読み込めますが、個人利用では制限があります。

Fusionで扱えるファイル（2025年2月現在）

ファイル形式	用途	個人利用
*fsd *fsz	Fusion	○
*.iam *.ipt	3D CAD Inventor	○
*.prt *.g *.neu *.asm	3D CAD ProE/CREO	×
*.sldprt *.sldasm	3D CAD SOLIDWORKS	×
*CATPart *CATProduct	3D CAD CATIA	×
*prt	3D CAD NX	×
*.3dm	3D CAD Rhino	×
*.x_t *x_b	中間ファイル Parasolid	×
*.stp *step	中間ファイル STEP	○
*.igs *.ide *.iges	中間ファイル IGES	○
*.dwg	2D CAD AutoCAD	×
*.dxf	2D 中間ファイル	○
*.obj	CG 中間ファイル	○
*.stl	3Dプリンター	○

Memo　PCに保存する

作成したモデルをPCに保存するには、［ファイル］→［エクスポート］をクリックし❶、PCの保存先を選択します❷。

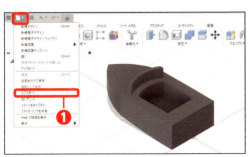

39

Section 11 マウス操作と表示の切り替え

▼サンプルファイル
練習 01-11-a.f3d
完成 ―

Fusionでは頻繁に3Dモデルを回転させたり、ズームするといった操作を行います。そのためのマウス操作と、表示する方向を変えるためのビューキューブの使い方や表現方法を変える表示スタイルについて説明します。

マウスでの画面操作

1 モデルを縮小する

ホイールを奥へ回すと表示が縮小します❶。

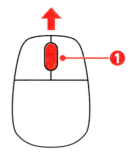

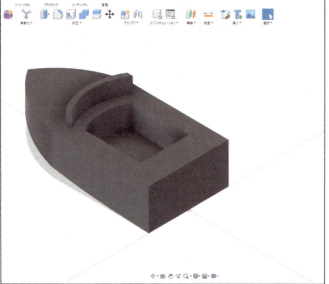

2 モデルを拡大する

ホイールを手前に回すと拡大します❶。

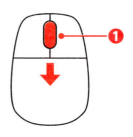

3 全画面に表示する

ホイールをダブルクリックするとモデル全体が表示されます ❶。

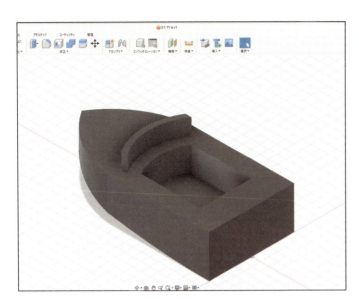

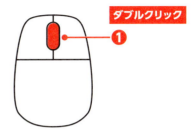

4 3D回転する

Shift ＋ホイールを押しながら、マウスを動かすとモデルが3D回転します ❶。

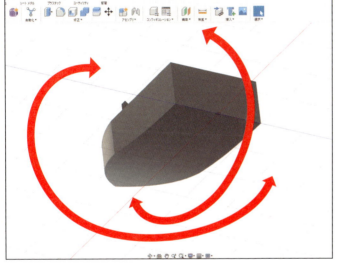

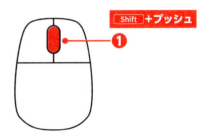

5 平面移動する

ホイールを押しながら、マウスを動かすとモデルは平面移動します ❶。

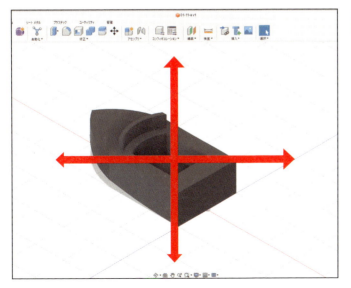

ビューキューブの操作

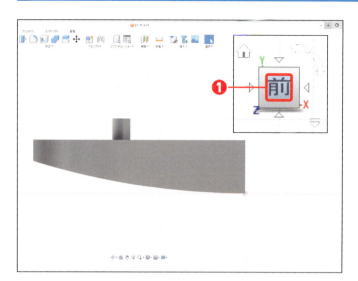

1 正面にする

ビューキューブの[前]をクリックします❶。

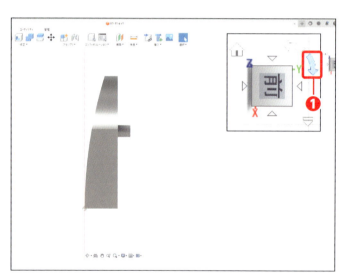

2 回転する

ビューキューブの[矢印]をクリックします❶。

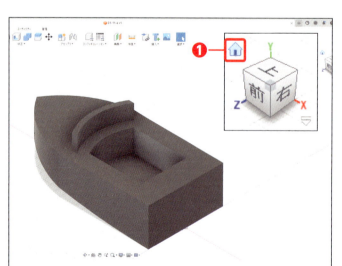

3 ホームビューにする

ビューキューブの[ホームビュー]をクリックします❶。

表示スタイルの変更

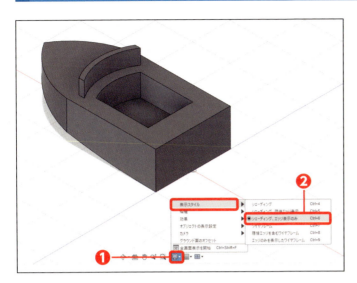

1 シェーディング、エッジ表示のみにする

[表示設定]をクリックし❶、[表示スタイル]→[シェーディング、エッジ表示のみ]をクリックします❷。

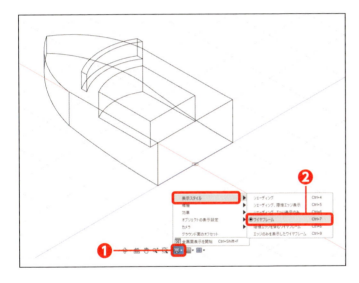

2 ワイヤフレームにする

[表示設定]をクリックし❶、[表示スタイル]→[ワイヤフレーム]をクリックします❷。

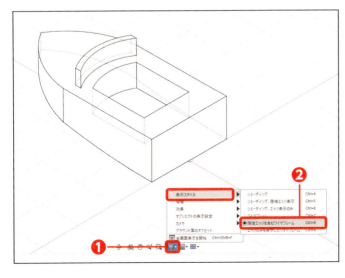

3 隠線エッジを含むワイヤフレームにする

[表示設定]をクリックし❶、[表示スタイル]→[隠線エッジを含むワイヤフレーム]をクリックします❷。

第1章 Fusionの基本

Section 12 ファイルを保存する

▼サンプルファイル
練習 01-12-a.f3d
完成 01-12-z.f3d

練習ファイルを保存する場合、上書き保存になります。ここでは、上書き保存について説明します。Fusionの上書き保存は、バージョン管理されファイル名の後にv1やv2が表示されます。

ファイル編集して保存する

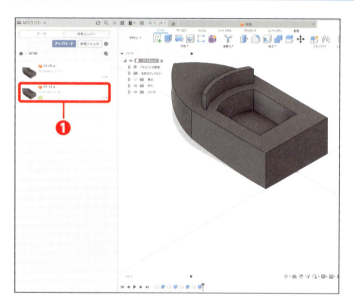

1 練習ファイルを開く

［01-12-a.f3d］を開きます❶。

開き方は、P.36～38を参照してください。

2 コマンドを実行する

［フィレット］をクリックします❶。

44

3 要素を選択する

[エッジ]を選択します❶❷❸❹。

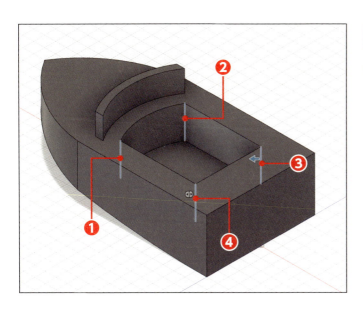

4 半径を入力する

半径に「3」を入力します❶。

5 OKする

[OK]をクリックします❶。

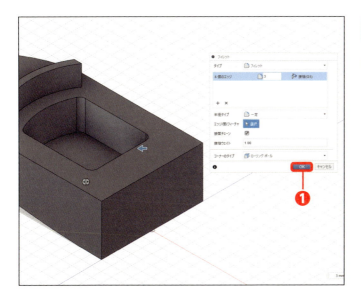

6 保存する

[ファイル]をクリックし❶、[保存]をクリックします❷。

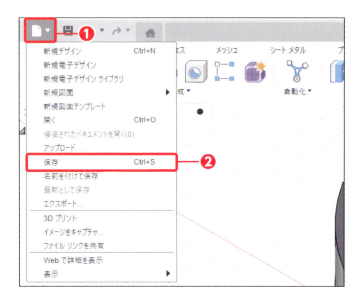

7 OKする

[OK]をクリックします❶。

📝 Memo　名前を付けて保存する

新規に作成したり、ファイルを流用したりして別のファイルとして保存する場合は「名前を付けて保存」となります。保存の際は、必ず場所を確認しましょう。

第2章

プリミティブ機能で
「立体」を作ろう

この章で行うこと

この章ではプリミティブ機能を使って、3Dモデルの基本的な立体形状を作成します。プリミティブとは「根源的な」「素朴な」「原形」のことで、3DやCGではモデリングを行う際の単純な立体形状のことをいいます。

Fusionで作成できるプリミティブ形状は、下図の通りです。ここでは、それらのうち「直方体」、「円柱」、「球」を作成する流れを確認します。これらの立体形状を組み合わせて作る集合演算を「ブーリアン演算」といいます。ブーリアン演算には、立体と立体を結合する「和」、立体から立体を切り取る「差」、立体と立体の重なる部分を残す「積」があり、Fusionではそれぞれ「結合」「切り取り」「交差」といいます。プリミティブを組み合わせることでできる形状がどのようになるのかもあわせて確認します。

Fusionで作成できるプリミティブ形状

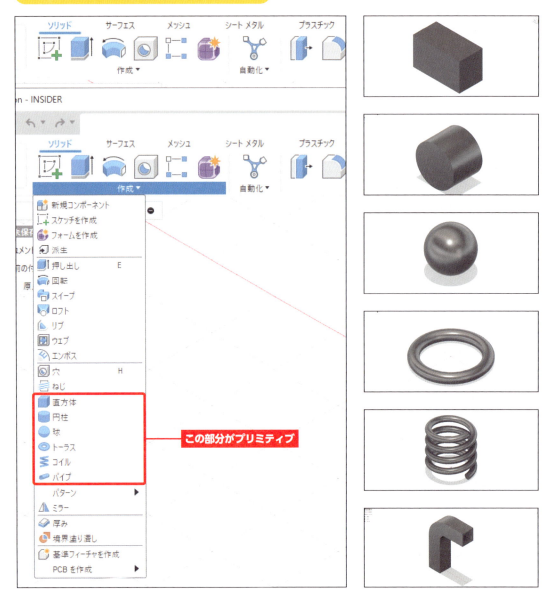

▷ **POINT 1**

直方体、円柱、球を作成します。

▷ **POINT 2**

直方体と円柱を組み合わせます（結合）。

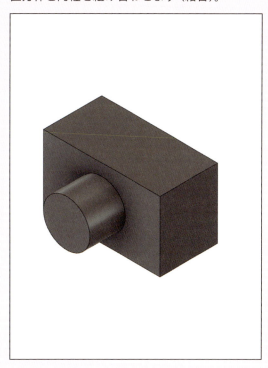

▷ **POINT 3**

円柱と球を組み合わせます（切り取り）。

▷ **POINT 4**

直方体と球を組み合わせます（交差）。

第2章 プリミティブ機能で「立体」を作ろう

第 2 章 プリミティブ機能で「立体」を作ろう

Section 01 直方体を作成する

▼サンプルファイル
練習 ▶ 02-01-a.f3d
完成 ▶ 02-01-z.f3d

直方体とは、すべての面が長方形や正方形で構成される六面体のことです。プリミティブでは、長方形の長さ、幅、高さを入力して作成します。

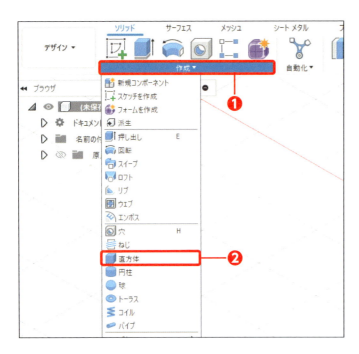

1 コマンドを実行する

［作成］をクリックし❶、［直方体］をクリックします❷。

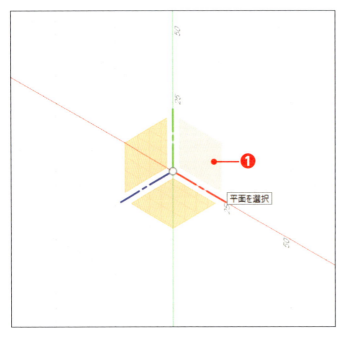

2 平面を選択する

［XY平面］をクリックします❶。

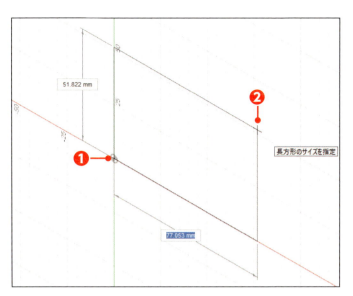

3 長方形を作成する

［原点］をクリックし❶、2点目付近でクリックします❷。

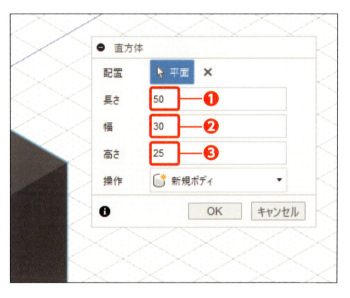

4 長さと幅を入力する

長さに「50」❶、幅に「30」❷、高さに「25」を入力します❸。

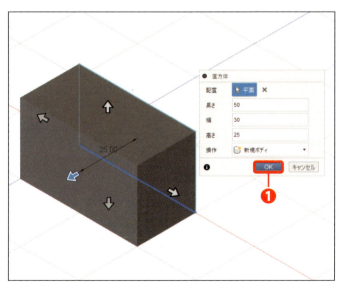

5 OKする

［OK］をクリックします❶。

第2章 プリミティブ機能で「立体」を作ろう

Section 02 円柱を作成する

▼サンプルファイル
練習 02-02-a.f3d
完成 02-02-z.f3d

円柱とは、長方形の一辺を軸として回転させてできる立体のことです。プリミティブでは、円の直径と高さを入力して作成します。

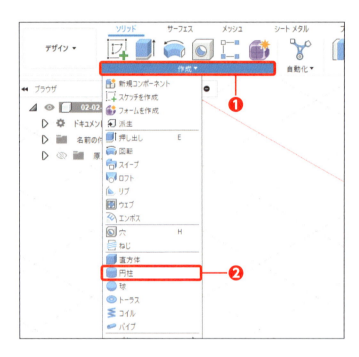

1 コマンドを実行する

［作成］をクリックし❶、［円柱］をクリックします❷。

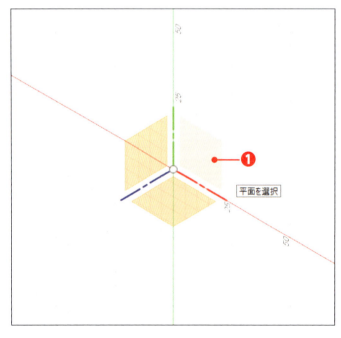

2 面を選択する

［XY平面］をクリックします❶。

3　円を作成する

[原点] をクリックし❶、2点目付近でクリックします❷。

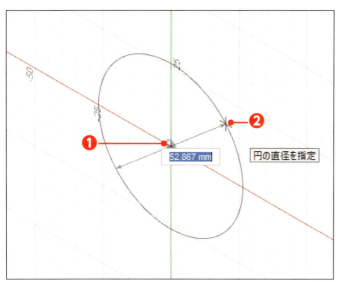

4　直径を入力する

直径に「20」を入力し❶、高さに「15」を入力します❷。

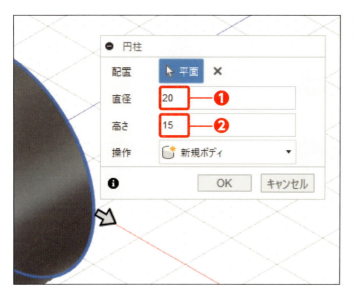

5　OKする

[OK] をクリックします❶。

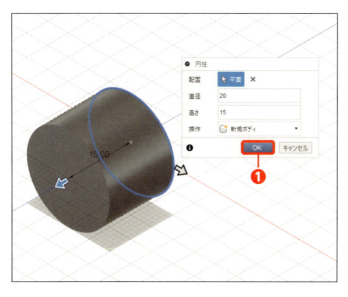

第 2 章 プリミティブ機能で「立体」を作ろう

Section 03 球を作成する

▼ サンプルファイル
練習 02-03-a.f3d
完成 02-03-z.f3d

球とは、ある1点から一定の距離にある点全体の集合のことをいいます。プリミティブでは、中心点を指定し、直径を入力して作成します。

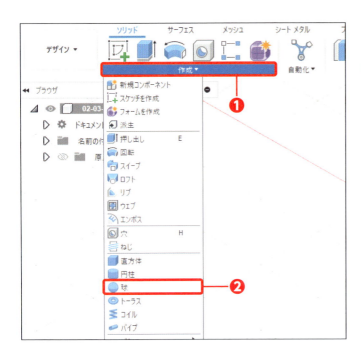

1 コマンドを実行する

[作成]をクリックし❶、[球]をクリックします❷。

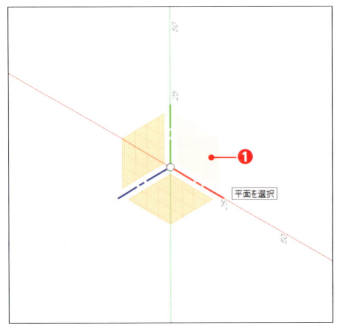

2 面を選択する

[XY平面]をクリックします❶。

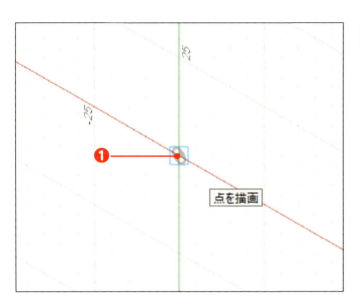

3 中心点を指定する

［原点］をクリックします❶。

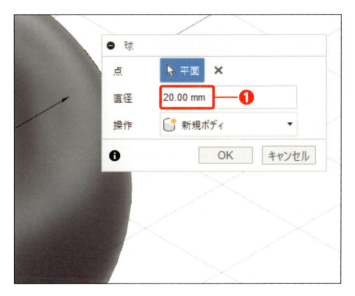

4 直径を入力する

「20」を入力します❶。

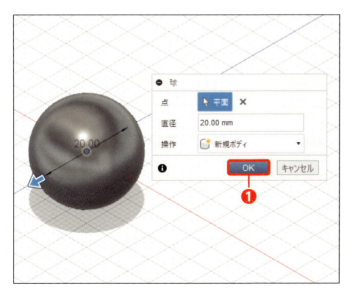

5 OKする

［OK］をクリックします❶。

第 2 章 プリミティブ機能で「立体」を作ろう

Section 04
直方体と円柱を組み合わせる（結合）

▼サンプルファイル
練習 02-04-a.f3d
完成 02-04-z.f3d

直方体と円柱を組み合わせた形状を作成します。ブーリアン演算の「和」により直方体に円柱を追加します。Fusion では、これを「結合」といいます。

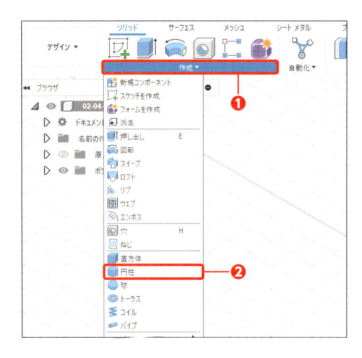

1　コマンドを実行する

［作成］をクリックし❶、［円柱］をクリックします❷。

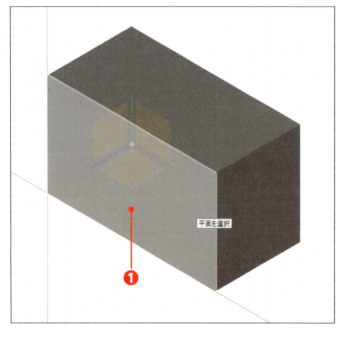

2　平面を選択する

直方体の［平面］をクリックします❶。

56

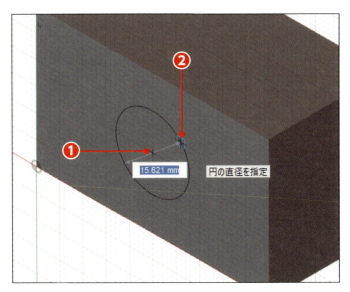

3 長方形を作成する

1点目付近でクリックし❶、2点目付近でクリックします❷。

> ✓ **Check**
> 1点目は、ほぼ中央でクリックします。

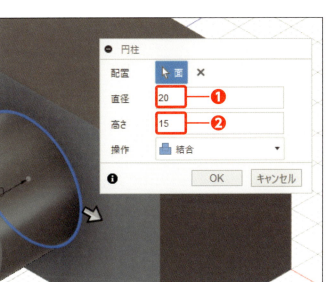

4 直径と高さを入力する

直径に「20」❶、高さに「15」を入力します❷。

> ✓ **Check**
> 操作が「結合」になっていることを確認します。

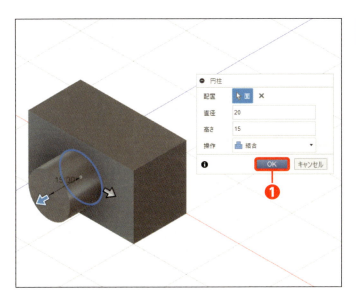

5 OKする

[OK]をクリックします❶。

第2章 プリミティブ機能で「立体」を作ろう

Section 05 円柱と球を組み合わせる（切り取り）

▼サンプルファイル
練習 02-05-a.f3d
完成 02-05-z.f3d

円柱と球を組み合わせた形状を作成します。ブーリアン演算の［差］により円柱から球を削除します。Fusionでは、これを「切り取り」といいます。

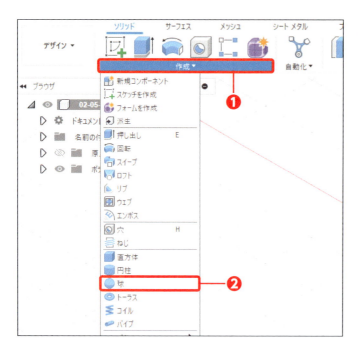

1 コマンドを実行する

［作成］をクリックし❶、［球］をクリックします❷。

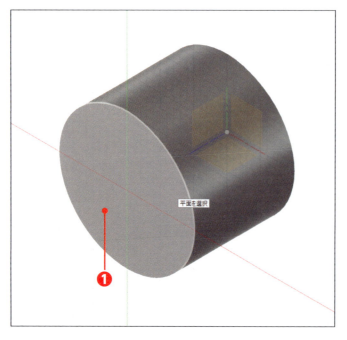

2 平面を選択する

円柱の［平面］をクリックします❶。

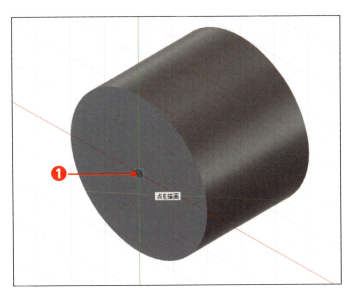

3 中心点を選択する

[原点] をクリックします❶。

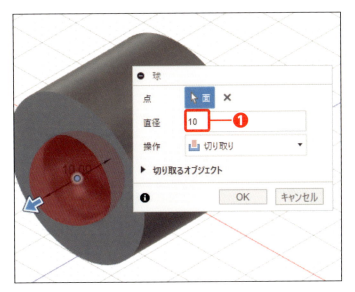

4 直径を入力する

「10」を入力します❶。

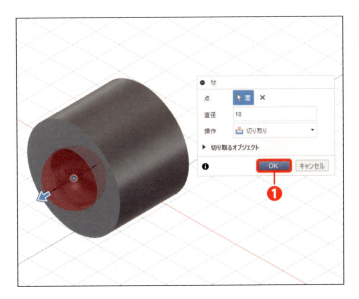

5 OKする

[OK] をクリックします❶。

第2章 プリミティブ機能で「立体」を作ろう

Section 06

直方体と球を組み合わせる（交差）

▼ サンプルファイル
練習 02-06-a.f3d
完成 02-06-z.f3d

直方体と球を組み合わせた形状を作成します。ブーリアン演算の「積」により直方体と球の重なりを作成します。Fusionでは、これを「交差」といいます。

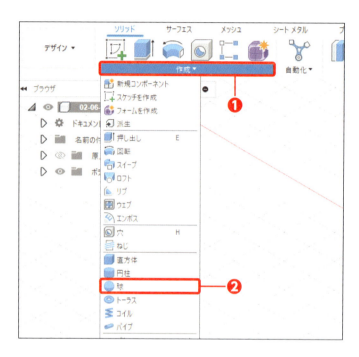

1 コマンドを実行する

[作成] をクリックし❶、[球] をクリックします❷。

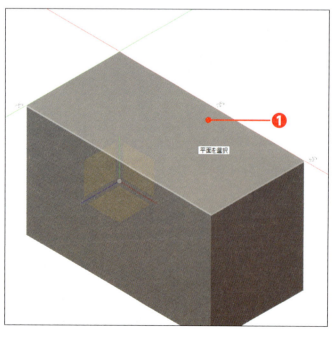

2 面を選択する

直方体の [面] をクリックします❶。

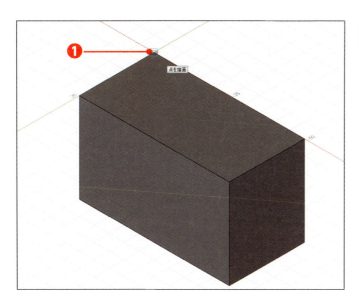

3 中心点を選択する

［原点］をクリックします❶。

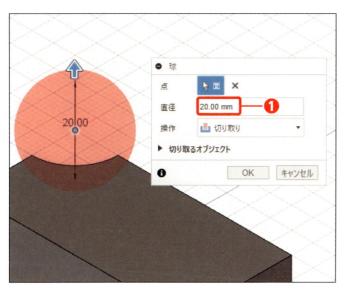

4 直径を入力する

直径に「20」を入力します❶。

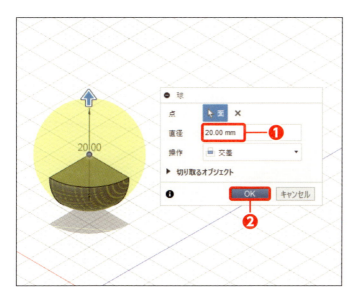

5 操作を選択する

操作の［交差］をクリックして❶、［OK］をクリックします❷。

Memo 選択する面について

スケッチを作成する際に面を選択しますが、選択する面が違うと作成される立体の向きが違ってくることを理解しましょう。

最初のスケッチ

XY 平面　　　　　　　　XZ 平面　　　　　　　　YZ 平面

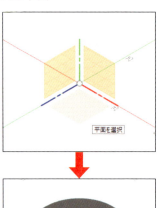
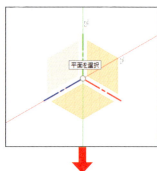

フィーチャを追加する際のスケッチ

正面　　　　　　　　　　上面　　　　　　　　　　右面

第3章

モデリングの
作成手順を知ろう

この章で行うこと

第2章のプリミティブで、「結合」、「切り取り」、「交差」でどのような形状になるのかを理解しました。この章では、スケッチを作成し、押し出しなどのフィーチャを使ったパーツモデリングを行います。プリミティブより詳細なモデリングになります。下図にその流れを記します。

パーツモデリングの流れ

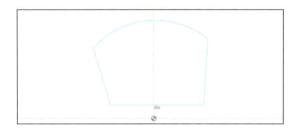

スケッチで線分や長方形、円、円弧などのコマンドを使って、立体にする図形を作成します。

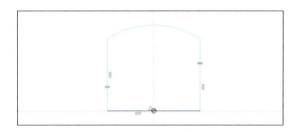

図形は、一致や同じ値・平行などの幾何拘束を付加して、姿勢を整えます。

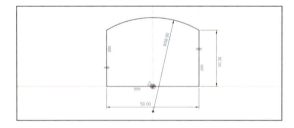

長さや角度、直径、半径などを追加します。スケッチは、完全拘束にします。

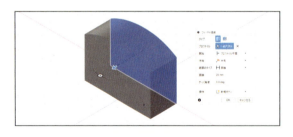

押し出しや回転、穴などのフィーチャ コマンドで立体化します。

なお、Section02を始める際は、以下の練習ファイルを開く操作が必要です。

❶タイムラインの「スケッチ」を右クリックします。
　　↓
❷[スケッチを編集]をクリックします。

▷ POINT 1

スケッチ環境、スケッチコマンドの使い方や描き方のイメージについて学習します。

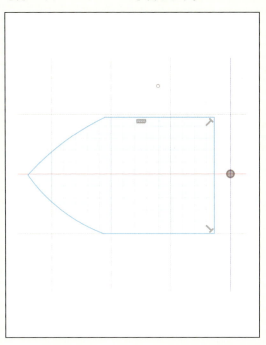

▷ POINT 2

拘束条件の付け方、寸法の入れ方を学習します。

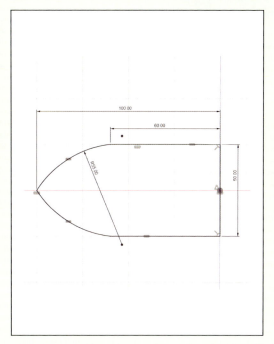

▷ POINT 3

押し出しフィーチャの「結合」、「切り取り」、「交差」について確認します。

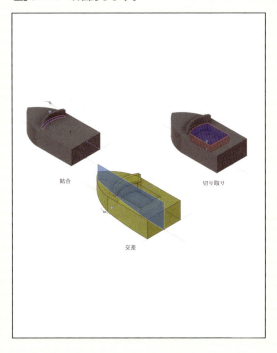

▷ POINT 4

スケッチとフィーチャの編集と新規ボディ、材料や外観について学習します。

第3章 モデリングの作成手順を知ろう

第3章 モデリングの作成手順を知ろう

Section 01　スケッチの描き方を知る

▼サンプルファイル
練習 03-01-a.f3d
完成 03-01-z.f3d

立体を作成するにはまず、スケッチコマンドを使って外形を作成します。ここでは、「線分」コマンド、「円弧」コマンドを使って外形を描きます。スケッチ環境への入り方、コマンドの実行、描き方を覚えましょう。

線分を作成する

1　コマンドを実行する

［スケッチを作成］をクリックします❶。

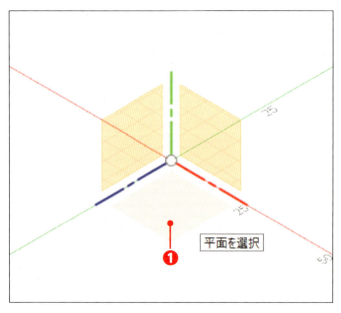

2　平面を選択する

［XZ平面］をクリックします❶。

✓ **Check**

選択する平面に注意しましょう（P.62参照）。これをスケッチ環境といいます。

3 線分を実行する

[線分]をクリックします❶。

4 線分を作成する

1点目付近をクリックします❶。続けて、2点目〜4点目付近をクリックし❷❸❹、Esc を押します。

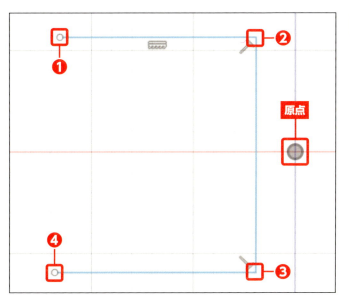

Check

❶❷と❸❹は水平、❷❸は垂直な状態で作成します。

📝 **Memo** 　**線分の状態**

線分の状態（水平など）を確認するには、作成時に表示される幾何拘束マーカーを確認しましょう。

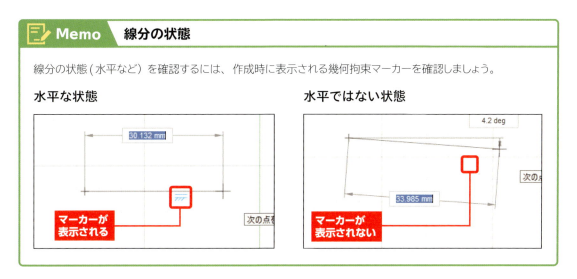

第3章 モデリングの作成手順を知ろう

円弧を作成する

1 円弧コマンドを選択する

［作成］をクリックします❶。

✓ Check
アイコンが表示されていないコマンドは、［作成▼］をクリックして選択します。

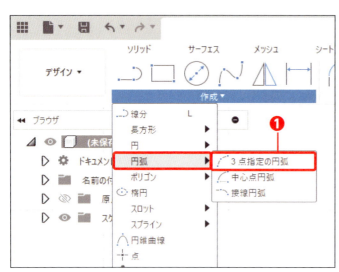

2 3点指定の円弧を実行する

［円弧］→［3点指定の円弧］をクリックします❶。

✓ Check
「▶」があるコマンドでは、マウスポインターを乗せると複数の作成コマンドが表示されます。

 **要素を削除する**

線分や円弧などを削除するには、要素を選択して右クリックし、［削除］をクリックします。要素を選択して、Delete を押しても削除できます。

3 円弧を作成する

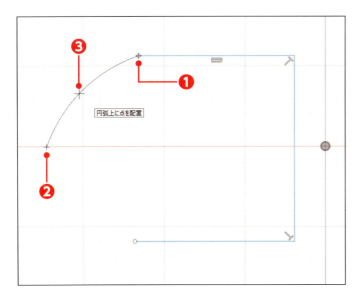

[端点]をクリックし❶、2点目付近でクリックします❷。3点目付近でクリックします❸。

> **Point**
> スケッチ（特に円弧）を作成する際は、イメージが重要です。左図をよく見て作成しましょう。

4 反対側にも作成する

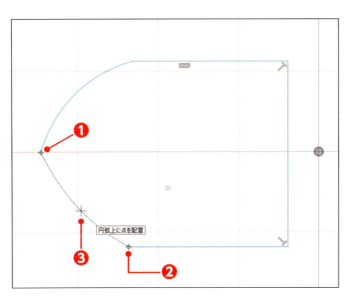

[端点]をクリックし❶、[端点]をクリックします❷。3点目付近でクリックします❸。

📝 Memo　プロファイルを確認する

立体を作成する領域をプロファイルといい、囲まれた領域が作成されると内部に色が付きます。端点同士（○）は、一致するように作成しましょう。

ここをプロファイルといいます。
色が付いたことを確認しましょう。

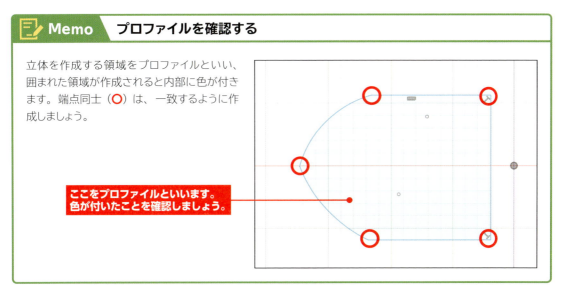

第 3 章　モデリングの作成手順を知ろう

Section 02　幾何拘束の付け方を知る

▼サンプルファイル
練習 ▶ 03-02-a.f3d
完成 ▶ 03-02-z.f3d

スケッチで描いた線分や円弧に、拘束を付加します。拘束には、「幾何拘束」と「寸法拘束」があります。ここでは、幾何拘束の付け方を覚えましょう。また、拘束条件によって要素はどのように変化するかを確認しましょう。

水平拘束を追加する

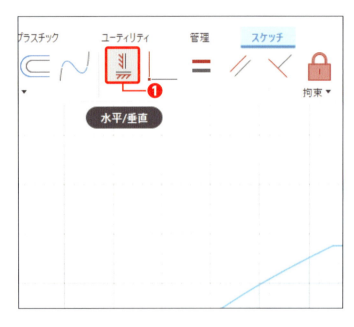

1　「水平」拘束を実行する

［水平/垂直］をクリックします❶。

Check
練習ファイルを開いたら、P.64を確認し、「スケッチを編集」を行います。

2　要素を選択する

［端点］をクリックし❶、［原点］をクリックします❷。

Check
図形がどのように動くか確認しましょう。

中点拘束を追加する

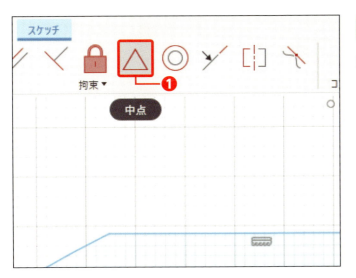

1 「中点」拘束を実行する

[中点] をクリックします❶。

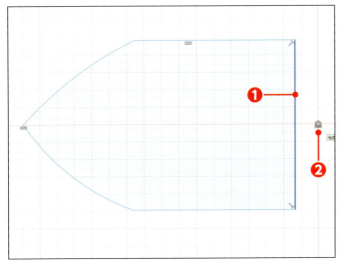

2 要素を選択する

[線分] をクリックし❶、[原点] をクリックします❷。

Memo　幾何拘束の削除

幾何拘束を削除するには、マーカーを選択し、右クリックして [削除] をクリックします。

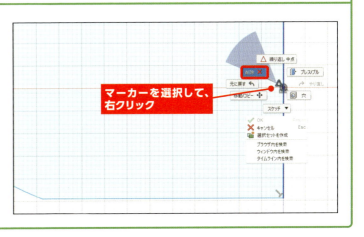

対称拘束を追加する

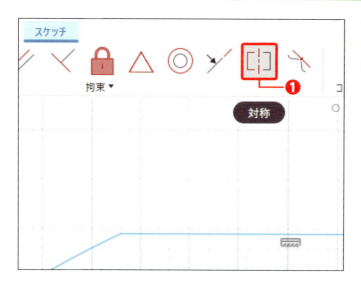

1 「対称」拘束を実行する

［対称］をクリックします❶。

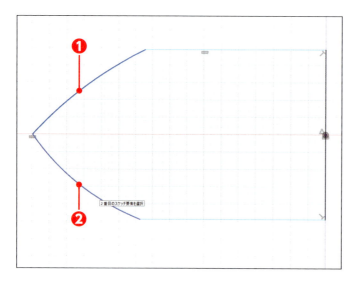

2 要素を選択する

［円弧］をクリックし❶、［円弧］をクリックします❷。

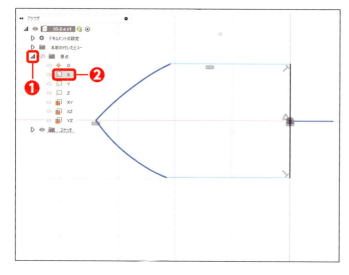

3 対称軸を選択する

原点の▷をクリックし❶、［X］をクリックします❷。

等しい拘束を追加する

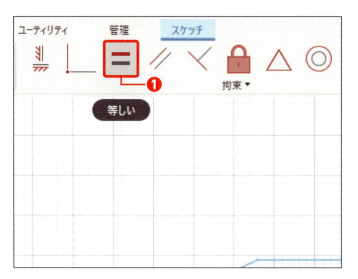

1 「等しい」拘束を実行する

［等しい］をクリックします❶。

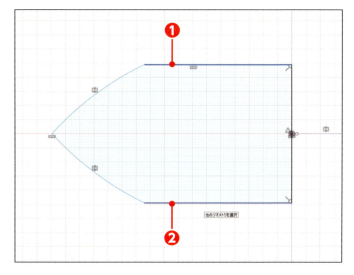

2 要素を選択する

［線分］をクリックし❶、［線分］をクリックします❷。

過剰拘束になります。

📝 Memo 過剰拘束とは

幾何拘束が揃っていて追加の必要がない場合、画面の右下に赤い「X」が表示されるのでクリックしてみましょう。確認後、［閉じる］をクリックしてメッセージを閉じ、[Esc]を押してコマンドを終了します。

第3章 モデリングの作成手順を知ろう

第3章 モデリングの作成手順を知ろう

Section 03 寸法の入れ方を知る

▼サンプルファイル
練習 03-03-a.f3d
完成 03-03-z.f3d

ここでは、寸法の入れ方を覚えましょう。Fusionの寸法コマンドは「スケッチ寸法」のみですが、選択する要素によって自動的に長さ、半径、直径、角度を入れることができます。

半径寸法を追加する

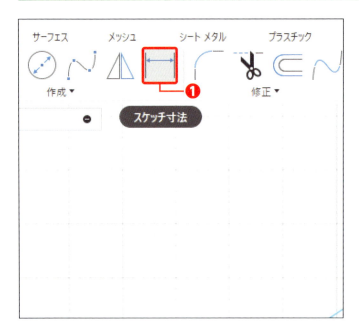

1 コマンドを実行する

[スケッチ寸法]をクリックします❶。

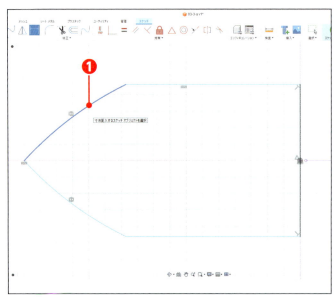

2 要素を選択する

[円弧]をクリックします❶。

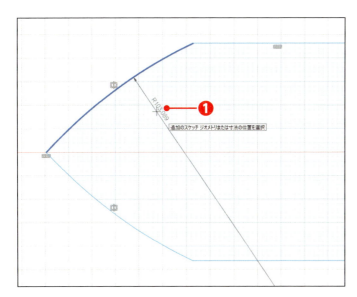

3 寸法を配置する

[左図] 付近でクリックします ❶。

要素から少し離して、クリックします。

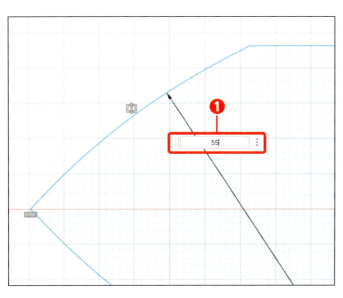

4 値を入力する

値に「55」を入力して ❶、[Enter] を押します。

第3章 モデリングの作成手順を知ろう

Memo　円弧に直径寸法を入れる

円弧は、直径で寸法を入れることができます。寸法を配置する前に右クリックし、[直径] をクリックします。

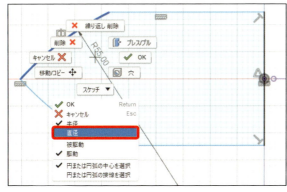
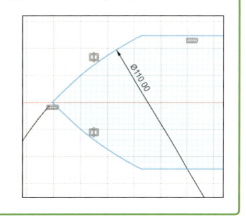

長さ寸法を追加する

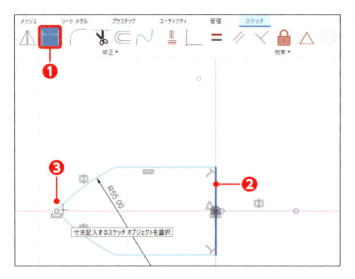

1 要素を選択する

[スケッチ寸法] をクリックします❶。
[線分] をクリックし❷、[端点] をクリックします❸。

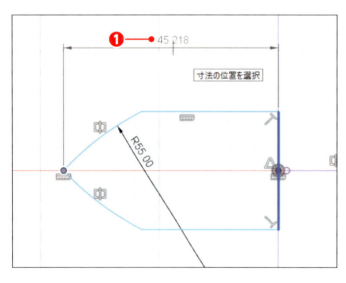

2 配置する

左図付近でクリックします❶。

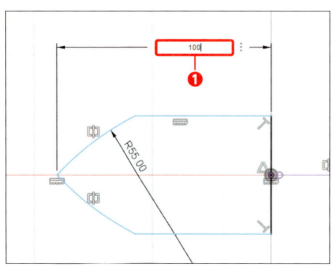

3 値を入力する

値に「100」を入力して❶、[Enter] を押します。

4 要素を選択する

[線分] をクリックします ❶。

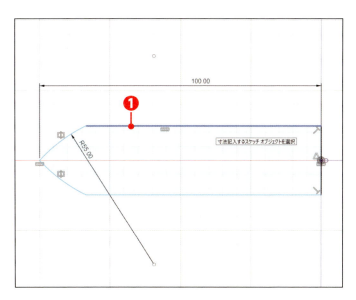

> ✅ **Check**
> 線分が選択できない場合は、[スケッチ寸法] をクリックしてください。

5 配置する

左図付近でクリックします ❶。

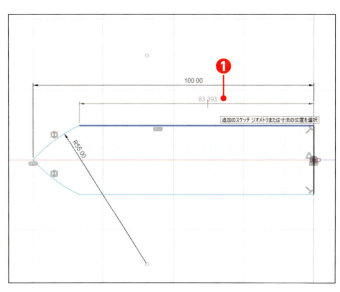

6 値を入力する

値に「60」を入力して ❶、Enter を押します。

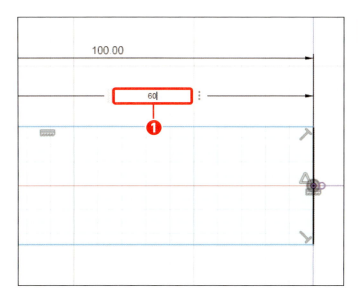

7 要素を選択する

[線分] をクリックします ❶。

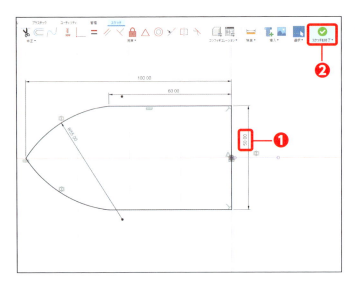

8 寸法を追加する

寸法「50」を追加して ❶、[スケッチを終了] をクリックします ❷。

📝 Memo　完全拘束

スケッチには、「幾何拘束」と「寸法」をきちんと付加しましょう。この状態を「完全拘束」といい、ブラウザや線の色で確認できます。

完全拘束の場合

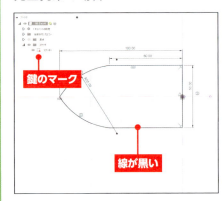

鍵のマーク
線が黒い

完全拘束でない場合

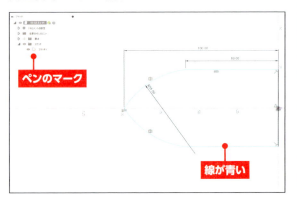

ペンのマーク
線が青い

押し出しする

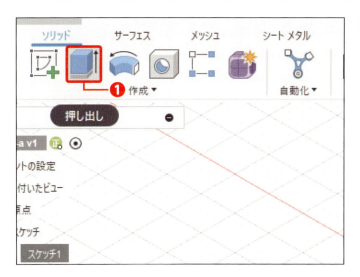

1 コマンドを実行する

[押し出し]をクリックします❶。

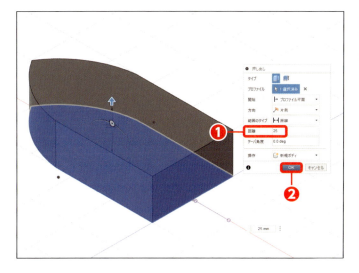

2 距離を入力する

距離に[25]を入力して❶、[OK]をクリックします❷。

Check

フィーチャを作成する際は、ホームビューにしましょう（P.42参照）。

Memo　反対側に押し出す

反対側に押し出す場合は、値に「-（マイナス）」を付けます。

第3章 モデリングの作成手順を知ろう

Section 04 結合の使い方を知る

▼サンプルファイル
練習 ▶ 03-04-a.f3d
完成 ▶ 03-04-z.f3d

ここでは、フィーチャ作成時の「結合」の使い方を覚えましょう。結合は、立体に立体を追加する計算処理のことです。平坦な部分に、突起する部分を作成する場合などに行います。

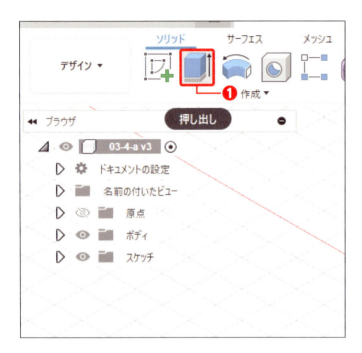

1 コマンドを実行する

[押し出し]をクリックします❶。

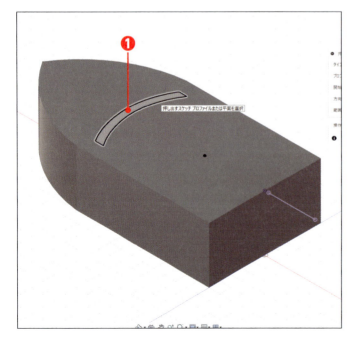

2 プロファイルを選択する

[プロファイル]をクリックします❶。

3 距離を入力する

距離に「10」を入力します❶。

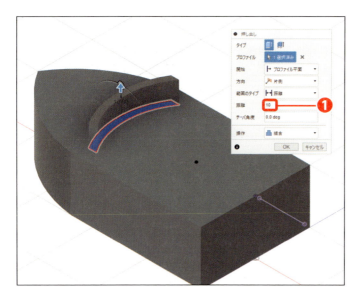

4 操作を設定する

操作の[結合]をクリックします❶。

✓ **Check**

距離を入力すると操作は、自動的に「結合」になります。

5 OKする

[OK]をクリックします❶。

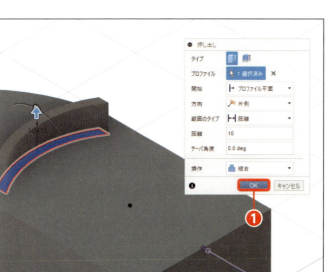

第3章 モデリングの作成手順を知ろう

Section 05 切り取りの使い方を知る

▼サンプルファイル
練習 03-05-a.f3d
完成 03-05-z.f3d

ここでは、フィーチャ作成時の「切り取り」の使い方を覚えましょう。切り取りは、立体から立体を差し引く計算処理のことです。穴をあける場合などが該当します。

1 コマンドを実行する

[押し出し]をクリックします❶

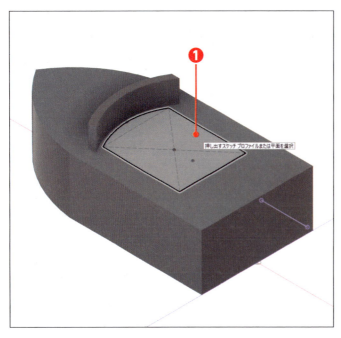

2 プロファイルを選択する

[プロファイル]をクリックします❶。

3 距離を入力する

距離に「-10」を入力します❶。

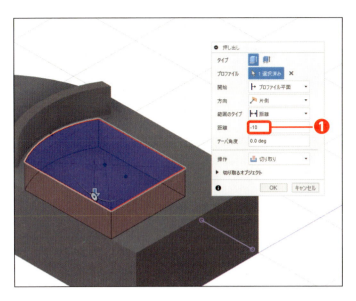

4 操作を設定する

操作の[切り取り]をクリックします❶。

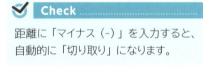

Check

距離に「マイナス（-）」を入力すると、自動的に「切り取り」になります。

5 OKする

[OK]をクリックします❶。

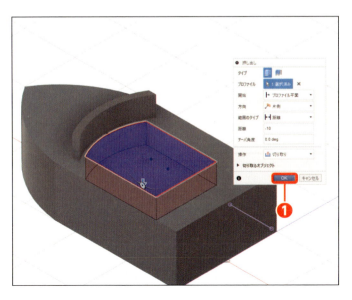

Section 06 交差の使い方を知る

▼サンプルファイル
練習 03-06-a.f3d
完成 03-06-z.f3d

ここでは、フィーチャ作成時の「交差」の使い方を覚えましょう。交差は、立体と立体が重なる部分の形状を残す計算処理です。

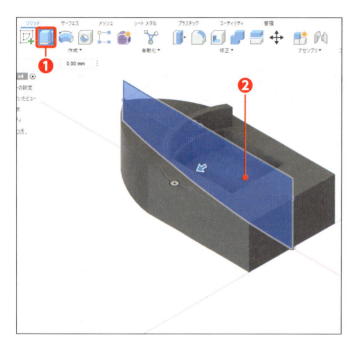

1 コマンドを実行する

[押し出し]をクリックし❶、[プロファイル]が選択されていることを確認します❷。

✓ Check

プロファイルは自動で選択されます。プロファイルが選択されていない場合は、❷でクリックしてください。

2 方向を設定する

方向の[対称]をクリックします❶。

3 範囲のタイプを設定する

範囲のタイプの[すべて]をクリックします❶。

4 操作を設定する

操作の[交差]をクリックします❶。

5 OKする

[OK]をクリックします❶。

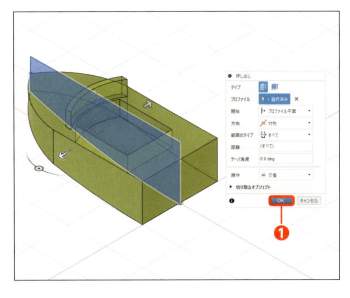

第3章 モデリングの作成手順を知ろう

Section 07 編集の仕方を覚える

▼サンプルファイル
練習 03-07-a.f3d
完成 03-07-z.f3d

ここでは、フィーチャの編集とスケッチの編集のやり方を覚えましょう。この操作は、タイムラインから行います。タイムラインの場所は、P.28を参照してください。

フィーチャを分ける

1 押し出しを選択する

タイムラインの［押し出し2］をクリックします❶。

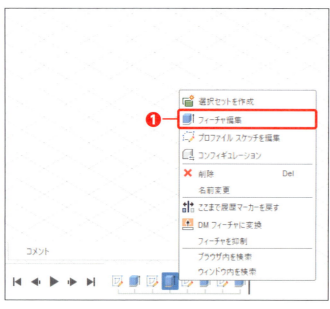

2 フィーチャを編集する

右クリックして、［フィーチャ編集］をクリックします❶。

86

3 操作を設定する

操作の[新規ボディ]をクリックします❶。

4 OKする

[OK]をクリックします❶。

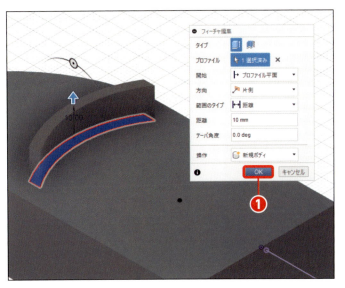

5 ボディを展開する

ブラウザのボディ左の▷をクリックします❶。

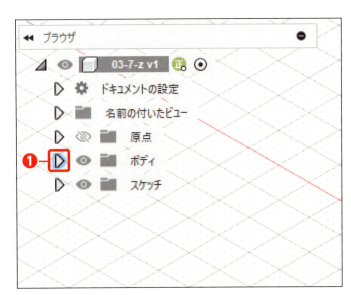

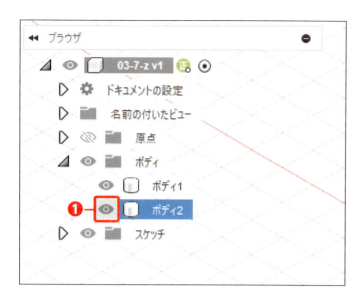

6 ボディ2を非表示にする

ボディ2左の👁をクリックします❶。

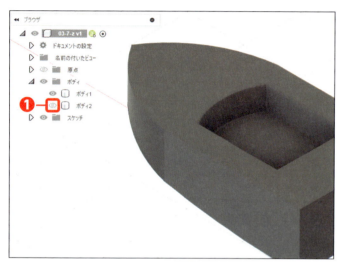

7 ボディ2を表示する

ボディ2左の👁をクリックします❶。

 **ボディとは**

フィーチャを結合で作成したものをボディといいます。複数のフィーチャを結合した場合、1つの塊になります。粘土で作成した場合のイメージです。フィーチャを新規ボディで作成することで、べつべつの立体が組み合わさった状態にできます。それぞれを接着剤で付けたイメージです。別ボディで作成することで、異なる材料や色付けができるようになります。

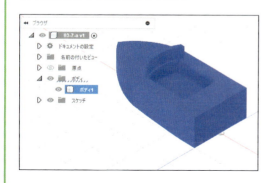 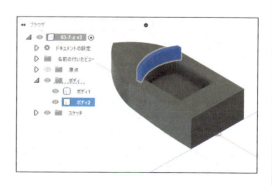

切り取り位置と深さを変更する

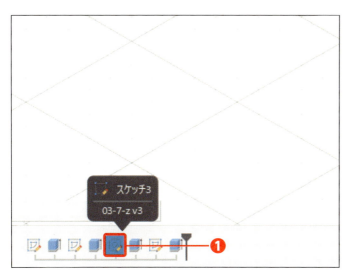

1　スケッチ3を選択する

タイムラインの[スケッチ3]をクリックします❶。

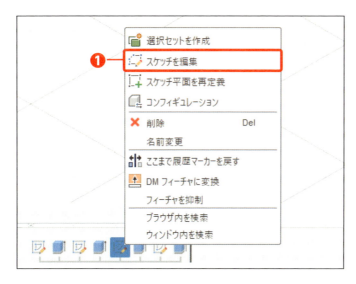

2　スケッチを編集する

右クリックして、[スケッチを編集]をクリックします❶。

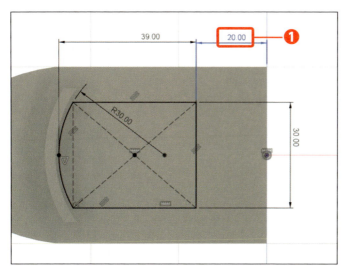

3　寸法を選択する

寸法[20]をダブルクリックします❶。

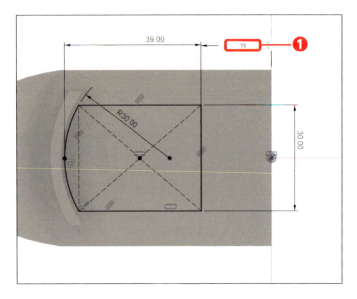

4　値を入力する

値に「15」を入力して❶、Enter を押します。

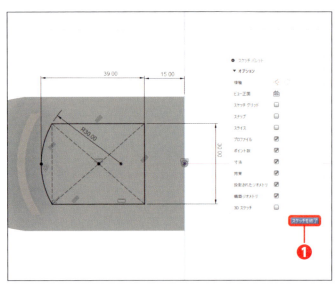

5　スケッチを終了する

[スケッチを終了]をクリックします❶。

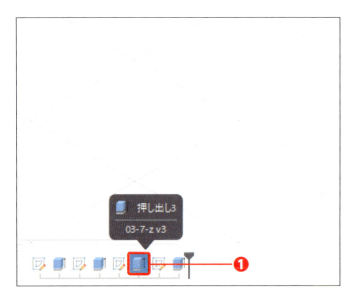

6　押し出し3を選択する

タイムラインの[押し出し3]をクリックします❶。

7 フィーチャを編集する

右クリックして、[フィーチャ編集]を
クリックします❶。

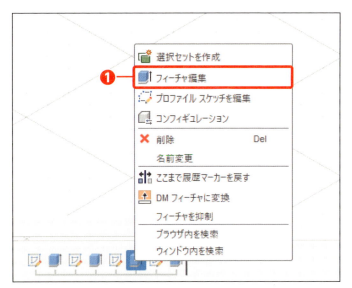

8 距離を変更する

距離に「-15」を入力します❶。

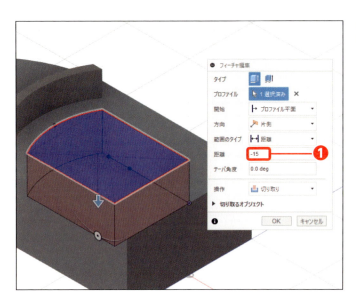

9 OKする

[OK]をクリックします❶。

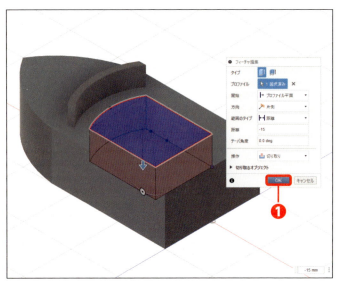

第3章 モデリングの作成手順を知ろう

Section 08 材料や色の付け方を知る

▼サンプルファイル
練習 03-08-a.f3d
完成 03-08-z.f3d

ボディに材料を割り当てたり色を付けたりする方法を学習します。この操作を行う際、材料や色をダウンロードする場合があります。作業の前にFusionを更新しておきましょう。更新の仕方は、P.31を確認してください。

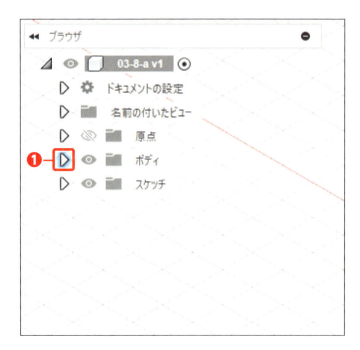

1 ボディを展開する

ボディ左の▷をクリックします❶。

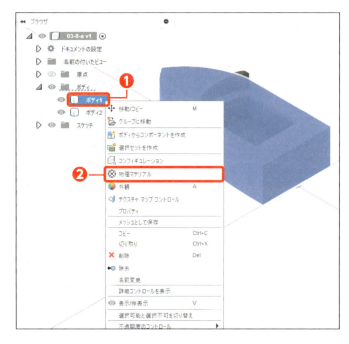

2 物理マテリアルを実行する

［ボディ1］で右クリックし❶、［物理マテリアル］をクリックします❷。

3 ライブラリを選択する

[プラスチック]をクリックします❶。

4 材料を割り当てる

[ABSプラスチック]をドラッグします❶。

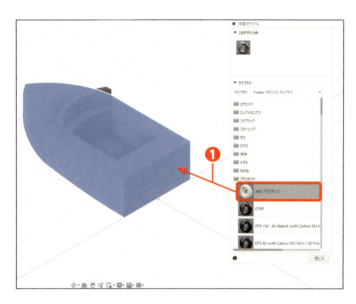

5 材料を閉じる

[閉じる]をクリックします❶。

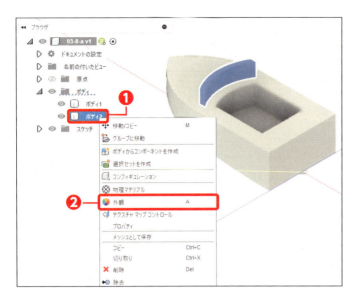

6 外観を実行する

［ボディ2］を右クリックし❶、［外観］をクリックします❷。

7 ライブラリを選択する

［ガラス］をクリックし❶、［滑らか］をクリックします❷。

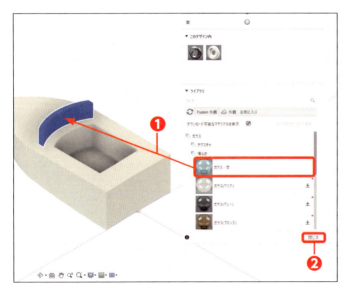

8 外観を割り当てる

［ガラス - 窓］をドラッグし❶、［閉じる］をクリックします❷。

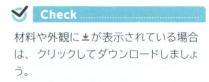

材料や外観に⬇が表示されている場合は、クリックしてダウンロードしましょう。

第4章

押し出しフィーチャで
「プレート」を作ろう

この章で行うこと

この章では、プレートを作成しながらパーツモデリングの基本的な流れを理解します。
Section01 は、ベース部を作成します。スケッチでは「長方形コマンド」、「スロットコマンド」、「長さ寸法」、フィーチャでは「押し出し」作成について学習します。
Section02 では、フィレットを追加します。フィレット（面取り）フィーチャは編集してさらに追加する場合、Ctrl を押しながらエッジを選択するのがポイントです。
Section03 は、ベースの面に文字を作成してカットします。スケッチで文字を作成する際の位置や大きさの決め方について学習します。
Section04 では、スケッチの編集で文字のフォントを変更します。続いて押し出しフィーチャを編集して、カットした文字を浮き彫りにします。3D プリンターで文字を印刷する場合、基本的にカットした文字よりも浮き彫りにした方がきれいに作成できます。

文字を切り取り印刷

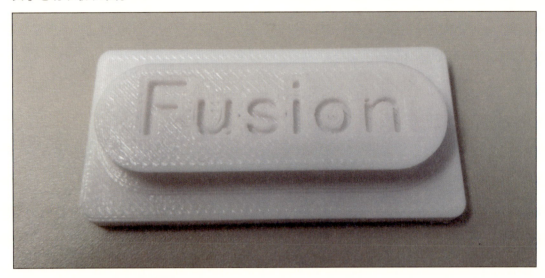

文字を浮き彫りにして印刷

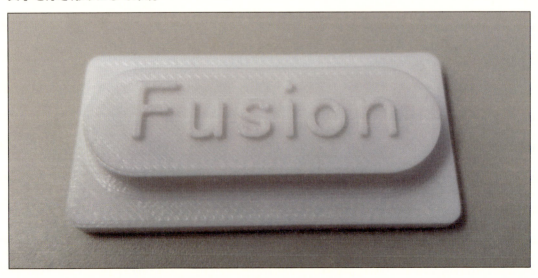

▷ POINT 1

押し出しフィーチャでベース形状を作成します。

▷ POINT 2

フィレット フィーチャで角を丸めます。

▷ POINT 3

押し出しフィーチャで文字をカットします。

▷ POINT 4

押し出しフィーチャを編集して文字を浮き彫りにします。

第4章 押し出しフィーチャで「プレート」を作ろう

第4章 押し出しフィーチャで「プレート」を作ろう

Section 01 ベースを作成する

▼ サンプルファイル
練習 04-01-a.f3d
完成 04-01-z.f3d

スケッチで長方形を作成し、スケッチ寸法を追加します。押し出しフィーチャで、厚みを付けます。続けてスケッチでスロットを作成し、スケッチ寸法を追加します。押し出しフィーチャで厚みを付け、ベース形状を作成します。

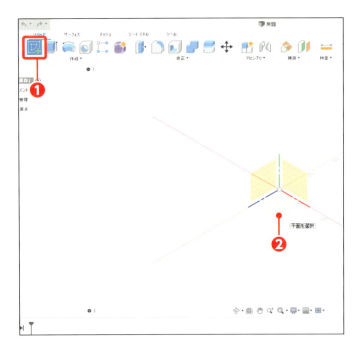

1 スケッチ環境にする

［スケッチを作成］をクリックし❶、［XZ平面］をクリックします❷。

2 コマンドを実行する

［2点指定の長方形］をクリックし❶、［中心の長方形］をクリックします❷。

3 長方形を作成する

1点目を［原点］でクリックし❶、［2点目］付近でクリックします❷。

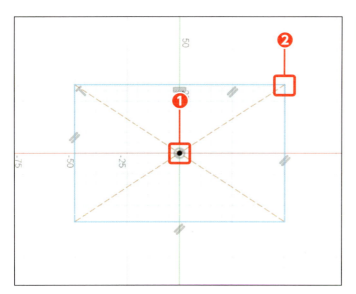

4 寸法を追加する

［スケッチ寸法］をクリックし❶、横長さ「50」、縦長さ「25」を追加します❷❸。

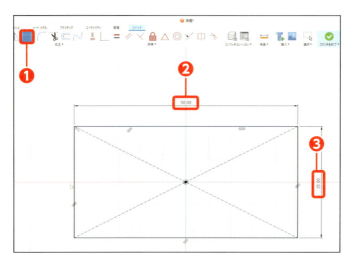

5 スケッチを終了する

［スケッチを終了］をクリックします❶。

✓ Check

スケッチパレットの「スケッチ終了」でも終了できます。

6　コマンドを実行する

[押し出し]をクリックします❶。

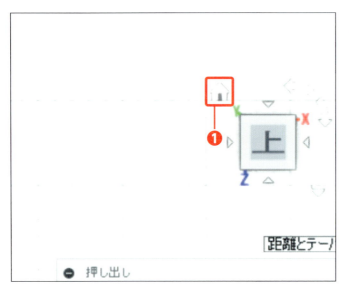

7　ビューを変更する

[ホームビュー]をクリックします❶。

8　距離を入力する

距離に「3」を入力し❶、[OK]をクリックします❷。

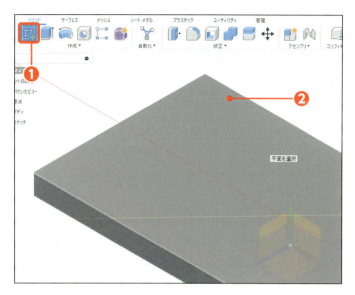

9 スケッチ環境にする

[スケッチを作成] をクリックし❶、[面] をクリックします❷。

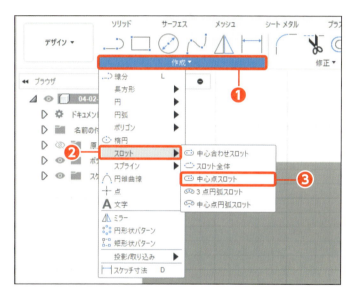

10 コマンドを実行する

[作成] をクリックし❶、[スロット] をクリックし❷、[中心点スロット] をクリックします❸。

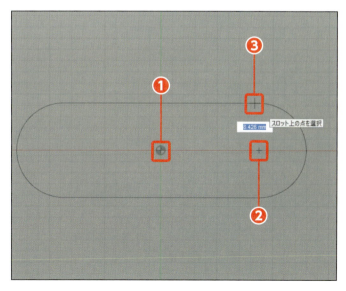

11 長方形を作成する

1点目を [原点] でクリックします❶。[2点目] 付近でクリックし❷、[3点目] 付近でクリックします❸。

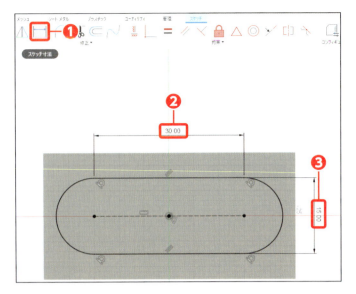

12 寸法を追加する

［スケッチ寸法］をクリックし❶、横長さ「30」、縦長さ「15」を追加します❷❸。

13 スケッチを終了する

［スケッチを終了］をクリックします❶。

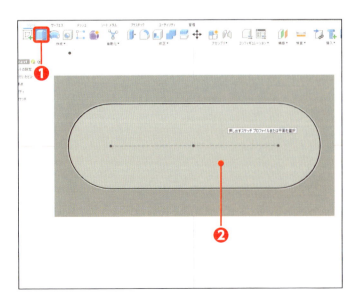

14 プロファイルを選択する

［押し出し］をクリックし❶、［スロット内］をクリックします❷。

15 ビューを変更する

[ホームビュー] をクリックします ❶。

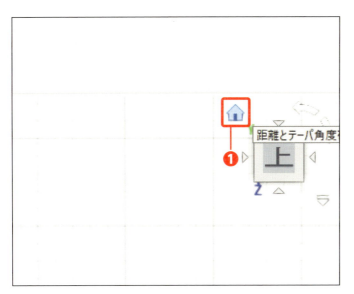

16 距離を入力する

距離に「5」を入力します ❶。

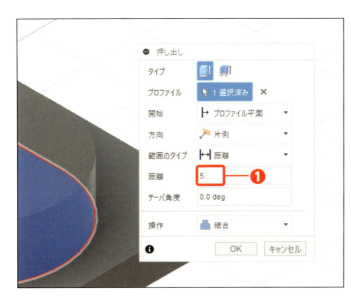

17 OKする

[OK] をクリックします ❶。

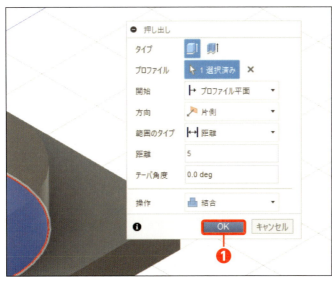

第4章 押し出しフィーチャで「プレート」を作ろう

Section 02 角を丸める

▼サンプルファイル
練習 04-02-a.f3d
完成 04-02-z.f3d

フィレットフィーチャで角を丸めます。作成後にフィレットフィーチャを追加する方法も確認します。

1 コマンドを実行する

[フィレット]をクリックし❶、[エッジ]をクリックします❷❸❹❺。

2 半径を入力する

半径に「2」を入力し❶、[OK]をクリックします❷。

3 フィレットを編集する

タイムラインのフィレットで右クリックし❶、[フィーチャ編集]をクリックします❷。

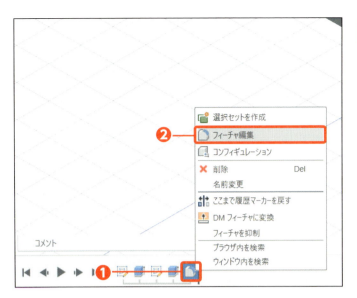

4 フィレットを追加する

[Ctrl]を押しながら[エッジ]をクリックします❶。

> **Point**
>
> フィレットや面取りフィーチャを編集して追加する場合は、[Ctrl]を押しながらエッジをクリックします。

5 OKする

[OK]をクリックします❶。

第4章 押し出しフィーチャで「プレート」を作ろう

Section 03 文字を作成してカットする

▼サンプルファイル
練習 04-03-a.f3d
完成 04-03-z.f3d

スケッチで文字を作成し、押し出しフィーチャでカットします。文字の位置や大きさを決めることができます。

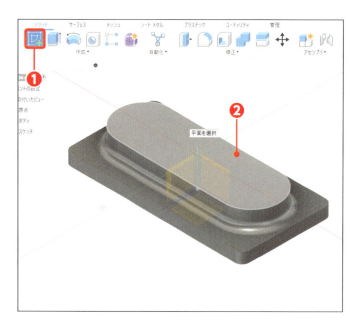

1 スケッチ環境にする

［スケッチを作成］をクリックし❶、［面］をクリックします❷。

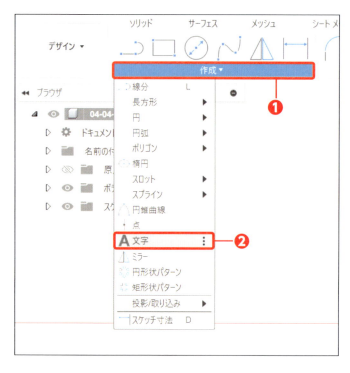

2 コマンドを実行する

［作成］をクリックし❶、［文字］をクリックします❷。

106

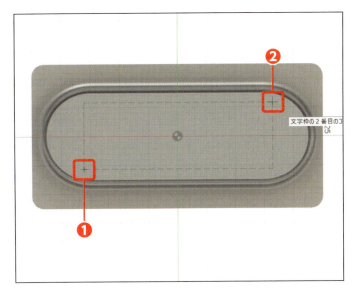

3 範囲を指定する

[1点目]付近をクリックし❶、[2点目]付近をクリックします❷。

4 文字を入力する

「Fusion」と入力します❶。

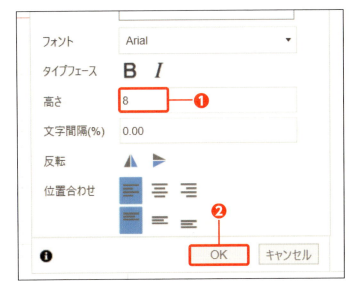

5 文字高さを設定する

高さに「8」を入力し❶、[OK]をクリックします❷。

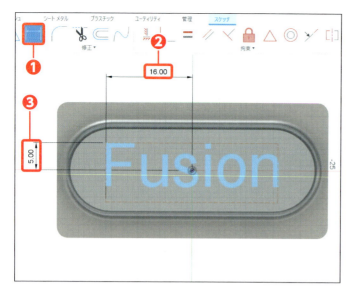

6 寸法を追加する

[スケッチ寸法]をクリックし❶、横長さ「16」、縦長さ「5」を追加します❷❸。

✓ **Check**
文字の位置を決めるには、枠に幾何拘束や寸法拘束を付けます。

7 スケッチを終了する

[スケッチを終了]をクリックします❶。

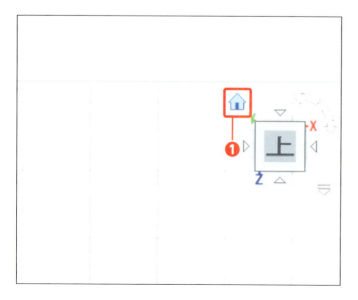

8 ビューを変更する

[ホームビュー]をクリックします❶。

✓ **Check**
ビューは必要に応じて適宜変更しましょう。

9 コマンドを実行する

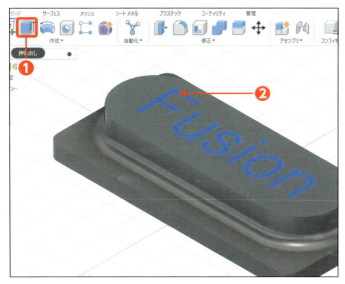

[文字]をクリックし❶、[押し出し]をクリックします❷。

> **Point**
> 先に文字を選択します。

10 距離を入力する

距離に「-1」を入力します❶。

> **Point**
> 距離をマイナス値にすると操作が「切り取り」になります。

11 OKする

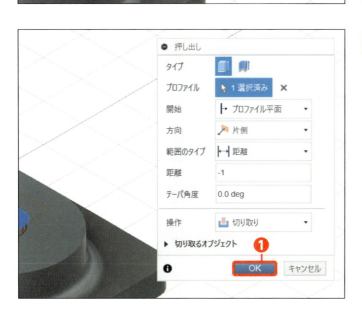

[OK]をクリックします❶。

第4章 押し出しフィーチャで「プレート」を作ろう

Section 04 フィーチャ（文字）を編集して押し出す

▼サンプルファイル
練習 ▶ 04-04-a.f3d
完成 ▶ 04-04-z.f3d

カットで作成した文字を編集します。スケッチを編集してフォントを変更し、フィーチャを編集して、浮き彫りにします。編集の流れを理解しましょう。

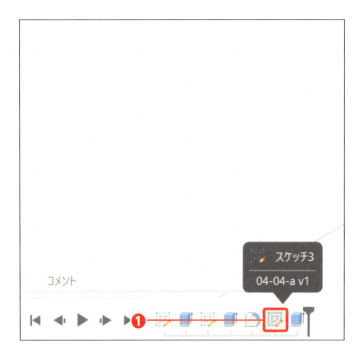

1 タイムラインを確認する

タイムラインの［スケッチ3］で右クリックします❶。

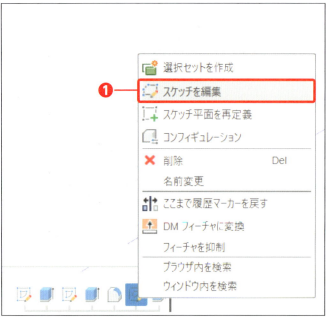

2 スケッチを編集する

［スケッチを編集］をクリックします❶。

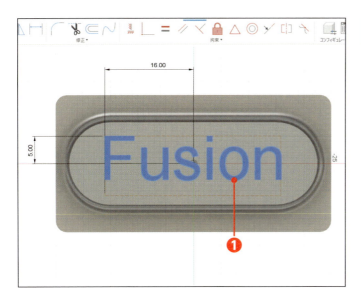

3 文字を編集する

文字をクリックします❶。

4 フォントを選択する

フォントをクリックし❶、[MS UI Gothic] をクリックします❷。

> **Point**
> ❶をクリックしたあと、キーボードのMを押すと選択しやすくなります。

5 文字間隔を設定する

文字間隔に「10」を入力し❶、[OK] をクリックします❷。

6 スケッチを終了する

[スケッチを終了]をクリックします。

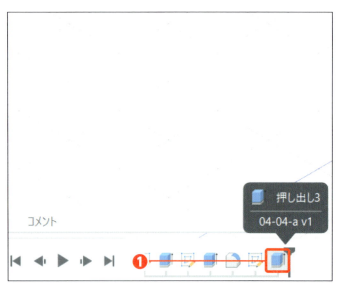

7 タイムラインを確認する

タイムラインの[押し出し3]で右クリックします❶。

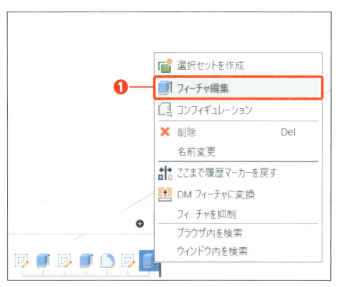

8 フィーチャを編集する

[フィーチャ編集]をクリックします❶。

9 距離を入力する

距離に「1」を入力します ❶。

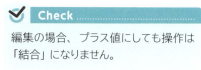

Check

編集の場合、プラス値にしても操作は「結合」になりません。

10 結合にする

操作を[結合]に変更します ❶。

11 OKする

[OK]をクリックします ❶。

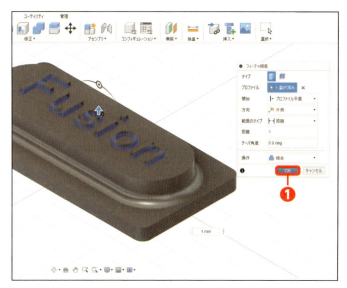

Memo 文字について

あらかじめスケッチで円や円弧、自由曲線を作成しておき、タイプの「パス上の文字」で図のような文字を作成できます。

スケッチで円や円弧、スプラインなどを作成する

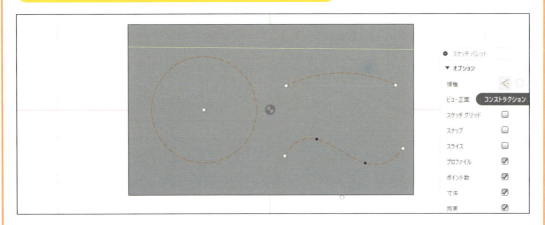

文字コマンドのタイプを「パス上の文字」にする

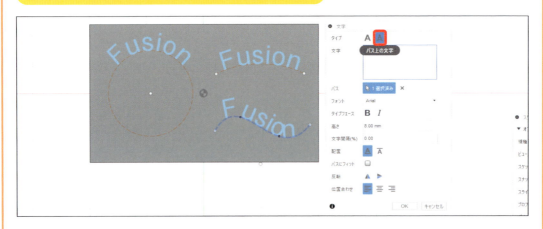

パスに沿って文字が作成できる

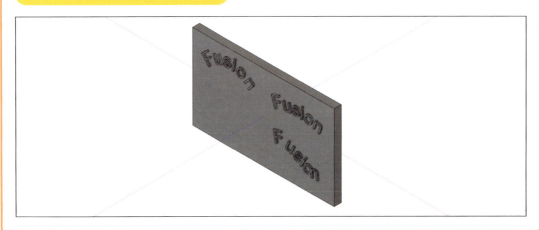

第 **5** 章

回転フィーチャで
「画鋲」を作ろう

この章で行うこと

この章では、画鋲を作成しながら、主に回転フィーチャでの作成について学習します。回転フィーチャのスケッチは判断面で作成し、回転の中心となる線分を中心線に変更します。回転フィーチャで作成するには、線分を中心線に変えるのがポイントです（下図参照）。これにより直径寸法を入れることができたり、フィーチャ作成時に回転軸が自動的に認識されたりします。

Section01 では本体を作成します。スケッチはイメージが大切です。断面のスケッチは手数が多いですが、画像を見ながらゆっくりと作成しましょう。幾何拘束や寸法も少し多いので完全拘束になるようしっかりと作成しましょう。

Section02 では針の部分を作成します。針のスケッチは、手数が多い本体と比べるととても簡単です。しかし、ここもイメージや回転フィーチャで作成するための要件をきちんと作成しなければいけません。

Section03 では本体の角部をフィレットフィーチャで丸めます。フィレットフィーチャは 1 か所ずつ作成しがちですが、ここでは、関連する部分のフィレットフィーチャをまとめて作成します。半径が違う場合でも、選択セットを使用することで 1 つにまとめることができます。選択セットの使い方を学習します。

Section04 では本体と針部に材料を割り当てます。材料を割り当てると質量が変化するためその確認を行います。また、材料を割り当てたあと外観の色を変更します。外観は見た目ですので、質量には影響しないところを確認します。

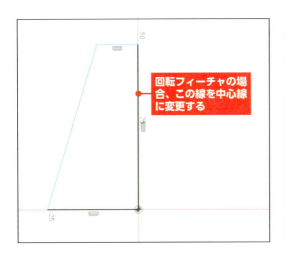
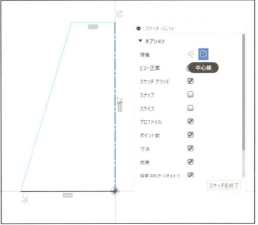
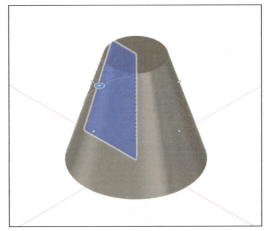

▷ **POINT 1**

本体を作成します。

▷ **POINT 2**

針を作成します。

▷ **POINT 3**

角を丸めます。

▷ **POINT 4**

材料を割り当て外観の色を変更します。

第5章 回転フィーチャで「画鋲」を作ろう

第5章 回転フィーチャで「画鋲」を作ろう

Section 01 画鋲本体を作成する

▼サンプルファイル
練習 05-01-a.f3d
完成 05-01-z.f3d

画鋲本体は、回転フィーチャで作成します。回転フィーチャでは、スケッチの作成方法と直径寸法の作成について理解しましょう。少しスケッチが複雑ですが、しっかりと作成しましょう。

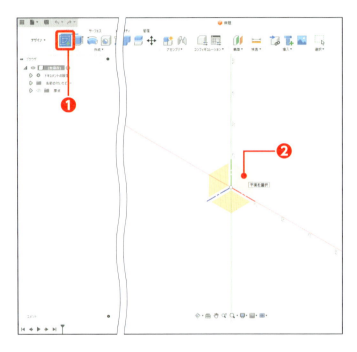

1　スケッチ環境にする

［スケッチを作成］をクリックし❶、［XY平面］をクリックします❷。

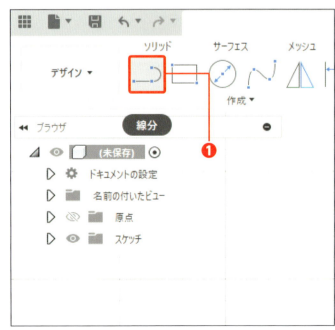

2　コマンドを実行する

［線分］をクリックします❶。

118

3 図形を作成する

[原点]をクリックし❶、2点目付近～5点目付近でクリックします❷❸❹❺。

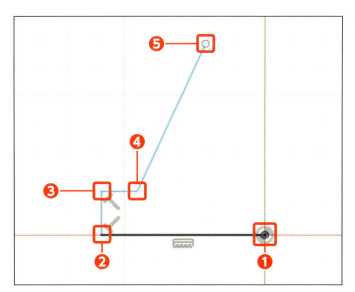

> **Check**
> ❶❷、❸❹は水平、❷❸は垂直にします。

4 図形を作成する

1点目付近～3点目付近でクリックし❶❷❸、[原点]をクリックして❹、Esc を押します。

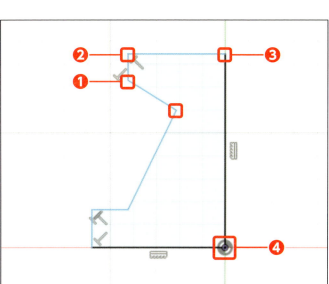

> **Check**
> ❶❷、❸❹は垂直、❷❸は水平にします。

5 中心線にする

[線分]をクリックし❶、[中心線]をクリックします❷。

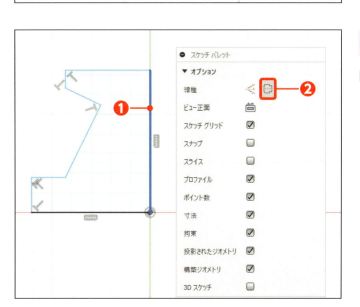

6　コマンドを実行する

[スケッチ寸法]をクリックします❶。

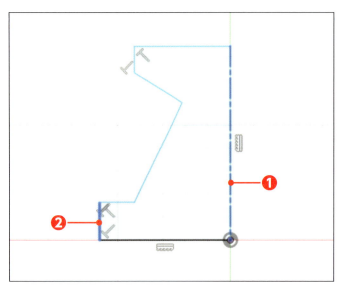

7　要素を選択する

[中心線]をクリックし❶、[線分]をクリックします❷。

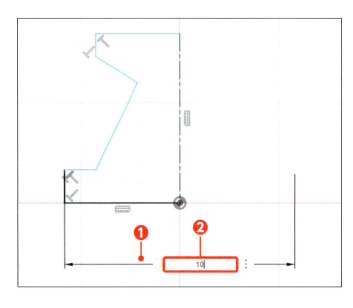

8　直径を入力する

左図付近でクリックし❶、値に「10」を入力して❷、[Enter]を押します。

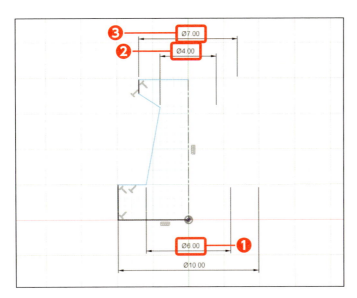

9 直径を追加する

直径「6」と「4」、「7」を追加します ❶❷❸。

> ✅ **Check**
>
> 手順 7 、 8 を参考に作成してください。

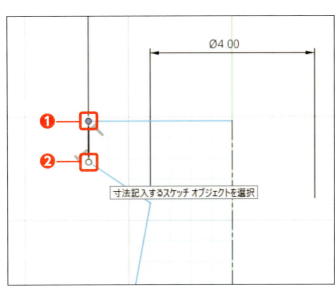

10 要素を選択する

[端点]をクリックし ❶、[端点]をクリックします ❷。

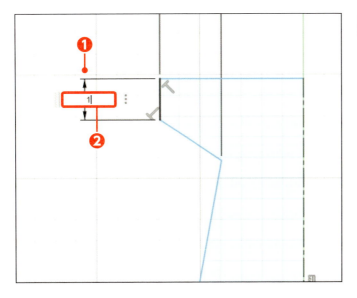

11 値を入力する

左図付近でクリックし ❶、値に「1」を入力して ❷、Enter を押します。

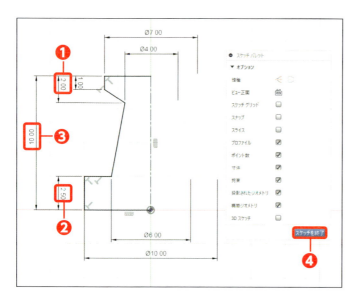

12 長さ寸法を追加する

長さ寸法「2」、「2.5」、「10」を追加し❶❷❸、[スケッチを終了]をクリックします❹。

✓ Check

手順 10、11 を参考に作成してください。

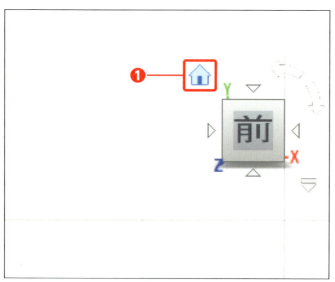

13 ビューを変更する

[ホームビュー]をクリックします❶。

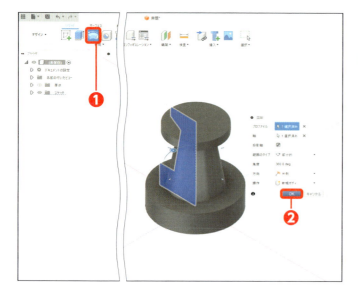

14 コマンドを実行する

[回転]をクリックし❶、[OK]をクリックします❷。

Section 02 針を作成する

▼サンプルファイル
練習 ▶ 05-02-a.f3d
完成 ▶ 05-02-z.f3d

針の断面スケッチは、簡単ですがイメージは大切です。作成する形状を意識してスケッチを作成するように心がけましょう。

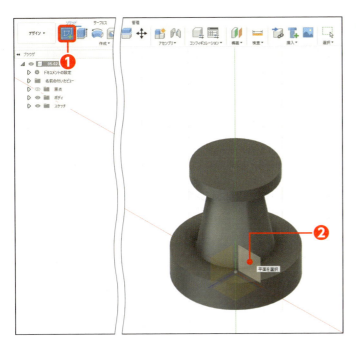

1 スケッチ環境にする

[スケッチを作成] をクリックし ❶、[XY平面] をクリックします ❷。

2 コマンドを実行する

[線分] をクリックします ❶。

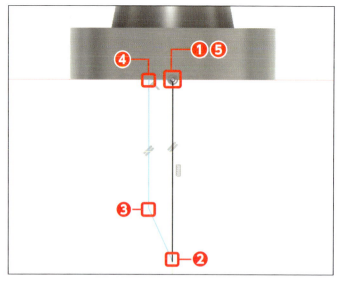

3　図形を作成する

［原点］をクリックします❶。2点目～4点目付近でクリックし❷❸❹、［原点］をクリックします❺。Escを押します。

✓ Check

❶❷、❸❹は垂直、❹❺は水平にします。

4　中心線にする

［線分］をクリックし❶、［中心線］をクリックします❷。

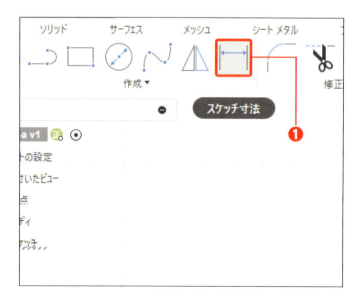

5　コマンドを実行する

［スケッチ寸法］をクリックします❶。

6 各寸法を追加する

直径「1」、長さ「10」、「3」を追加し❶❷❸、[スケッチを終了]をクリックします❹。

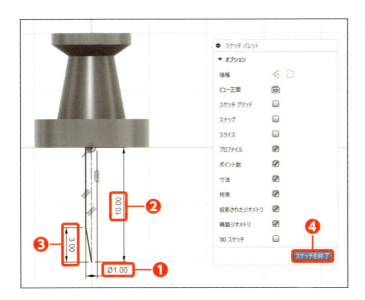

7 コマンドを実行する

[回転]をクリックします❶。

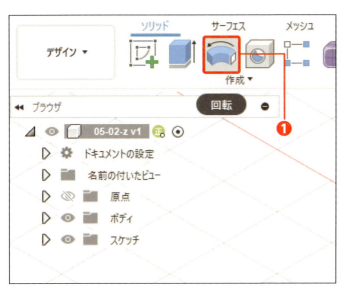

8 新規ボディにする

操作の[新規ボディ]をクリックし❶、[OK]をクリックします❷。

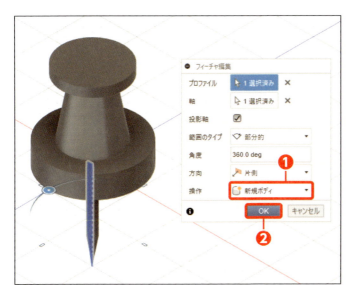

✅ **Check**

ボディについては、P.88を参照してください。

Section 03 角を丸める

▼サンプルファイル
練習 05-03-a.f3d
完成 05-03-z.f3d

本体の角部を滑らかにするために、フィレットフィーチャで丸みを付けます。複数個所に１つフィレットフィーチャで作成します。

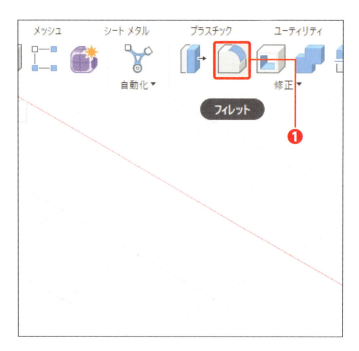

1 コマンドを実行する

［フィレット］をクリックします❶。

2 要素を選択する

［エッジ］をクリックします❶❷。

3 値を入力する

半径に「0.5」を入力します❶。

4 選択セットを追加する

[＋] をクリックします❶。

5 要素を選択する

[エッジ] をクリックします❶。

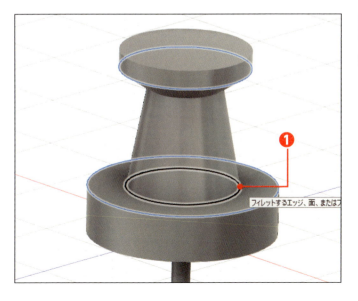

6 値を入力する

半径に「0.3」を入力します❶。

7 OKする

［OK］をクリックします❶。

8 フィレットを選択する

タイムラインの［フィレット1］をクリックします❶。

9 フィーチャを編集する

右クリックして、[フィーチャ編集] を
クリックします❶。

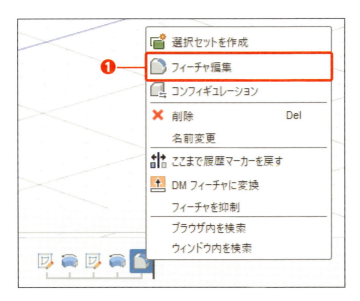

10 半径を選択する

半径 [0.3] をクリックします❶。

11 要素を追加する

Ctrl を押しながら [エッジ] をクリッ
クし❶、[OK] をクリックします❷。

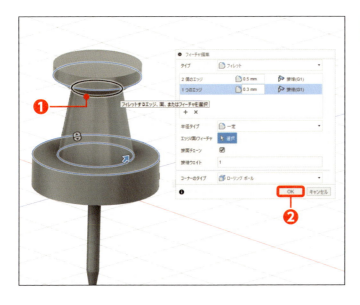

第5章 回転フィーチャで「画鋲」を作ろう

Section 04 本体と針に材料を割り当てる

▼サンプルファイル
練習 05-04-a.f3d
完成 05-04-z.f3d

ここでは材料の割当て、質量の確認、外観の色付けを行います。それぞれの手順を確認しましょう。

1　ボディを展開する

ボディ左の▷をクリックします❶。

2　物理マテリアルを実行する

[ボディ1]で右クリックし❶、[物理マテリアル]をクリックします❷。

130

3 ライブラリを選択する

[プラスチック]をクリックします❶。

4 材料を割り当てる

[ABSプラスチック]をドラッグします❶。

5 物理マテリアルを終了する

[閉じる]をクリックします❶。

6　プロパティを実行する

[05-04-a]で右クリックし❶、[プロパティ]をクリックします❷。

7　質量を確認する

[物理情報]をクリックし❶、Massの値を確認します❷。

8　プロパティを終了する

[閉じる]をクリックします❶。

9　物理マテリアルを実行する

［ボディ2］で右クリックし❶、［物理マテリアル］をクリックします❷。

10　ライブラリを選択する

［メタル］をクリックします❶。

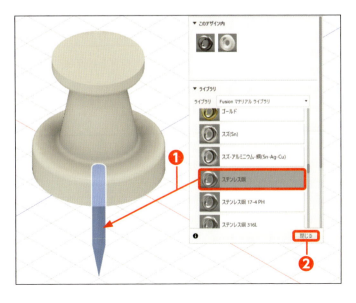

11　材料を割り当てる

［ステンレス鋼］をドラッグし❶、［閉じる］をクリックします❷。

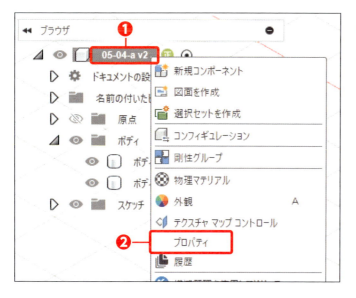

12 プロパティを実行する

[05-04-a]で右クリックし❶、[プロパティ]をクリックします❷。

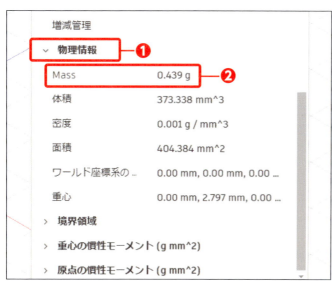

13 質量を確認する

[物理情報]をクリックし❶、Massの値を確認します❷。

14 プロパティを終了する

[閉じる]をクリックします❶。

15 外観を実行する

[ボディ1] で右クリックし❶、[外観]
をクリックします❷。

16 外観を選択する

[ペイント] をクリックし❶、[光沢]
をクリックします❷。

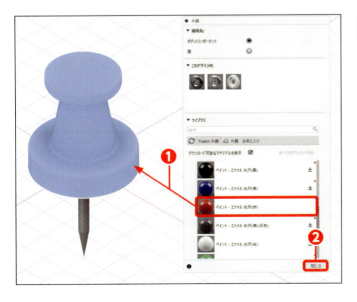

17 外観を割り当てる

[ペイント - エナメル光沢（赤）] をド
ラッグし❶、[閉じる] をクリックしま
す❷。

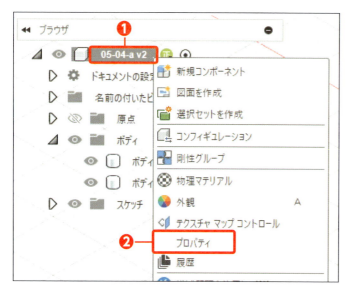

18 プロパティを実行する

[05-04-a] で右クリックし❶、[プロパティ] をクリックします❷。

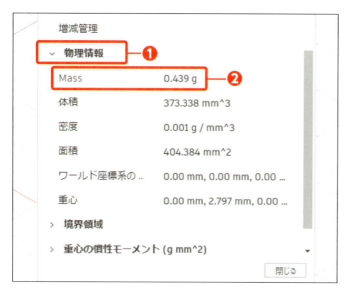

19 質量を確認する

[物理情報] をクリックし❶、Massの値を確認します❷。

質量は手順 13 と同じであることを確認します。外観は質量に影響を与えません。

20 プロパティを終了する

[閉じる] をクリックします❶。

第6章

スイープと構築平面で
「デスクライト」を作ろう

この章で行うこと

ここでは、デスクライトをモデリングします。デスクライトを作成するには、これまでの押し出しフィーチャやフィレットフィーチャに加え、新たに3つの機能を覚える必要があります。1つは構築平面です。スケッチを作成するには、必ず平面が必要ですが、モデルの形状や作成したい場所によっては平面が無い場合があります。たとえば円柱の側面です。このような場合、仮の平面を作成します。この平面をFusionでは、構築平面と呼びます。

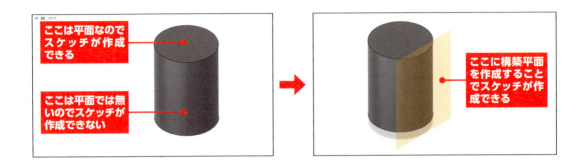

2つ目は、シェルフィーチャです。シェルフィーチャは塊を薄肉化する機能です。Section02のライトカバーで使用します。

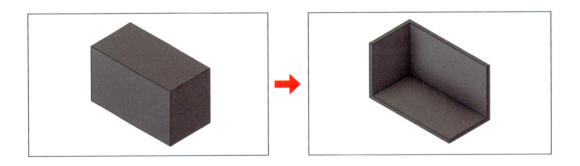

3つ目は、スイープフィーチャです。円柱形状は、押し出しや回転フィーチャで作成できますが、下図のような形状は、スイープフィーチャで作成します。スイープフィーチャで作成するには、パスと断面2つのスケッチが必要です。この章では、これらを学習する内容になっています。複雑なモデルを作成するのに必要な機能ですので、しっかりと覚えましょう。

 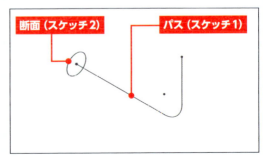

▷ **POINT 1**

ベースを作成します。

▷ **POINT 2**

ライトカバーを作成します。

▷ **POINT 3**

スイープフィーチャで支柱を作成します。

▷ **POINT 4**

ライトを作成します。

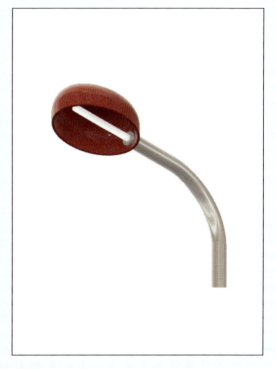

第6章 スイープと構築平面で［デスクライト］を作ろう

第6章 スイープと構築平面で「デスクライト」を作ろう

Section 01 ベースを作成する

▼サンプルファイル
練習 06-01-a.f3d
完成 06-01-z.f3d

デスクライトのベースを作成します。押し出しフィーチャやフィレットフィーチャで作成しますので、これまでの作成手順を再確認しましょう。

本体を作成する

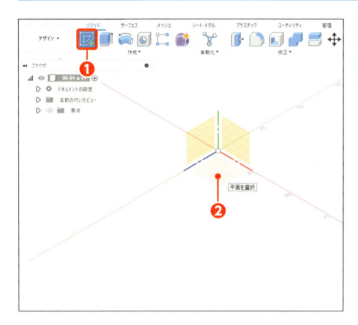

1 スケッチ環境にする

［スケッチを作成］をクリックし❶、［XZ平面］をクリックします❷。

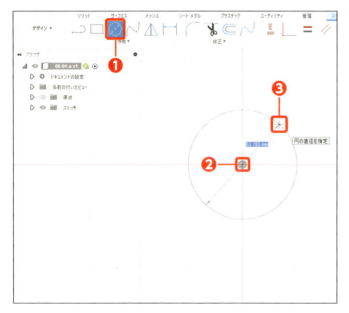

2 円を作成する

［中心と直径で指定した円］をクリックします❶。［原点］をクリックし❷、2点目付近でクリックします❸。

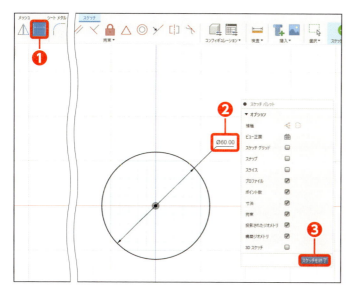

3 直径を追加する

［スケッチ寸法］をクリックします❶。直径「60」を追加し❷、［スケッチを終了］をクリックします❸。

4 コマンドを実行する

［押し出し］をクリックします❶。

> **Check**
> フィーチャを作成する際は、ホームビューにしましょう。

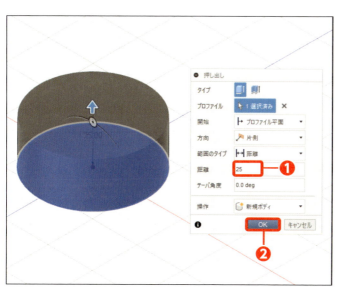

5 距離を入力する

距離に「25」を入力し❶、［OK］をクリックします❷。

◆ ボタンを作成する

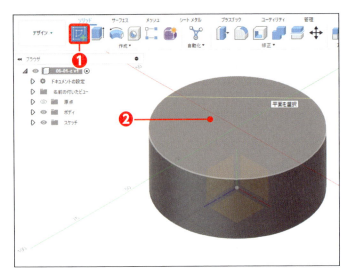

1 スケッチ環境にする

［スケッチを作成］をクリックし❶、［面］をクリックします❷。

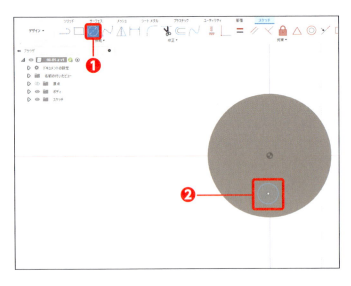

2 円を作成する

［中心と直径で指定する円］をクリックし❶、左図付近に［円］を作成します❷。

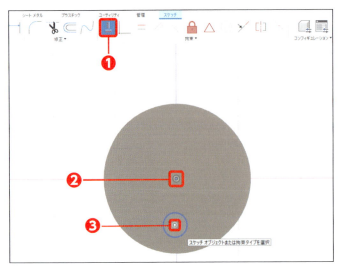

3 幾何拘束を付加する

［水平/垂直］をクリックします❶。［原点］をクリックし❷、円の［中心点］をクリックします❸。

4 距離と直径を追加する

距離「20」と直径「5」を追加し❶❷、[スケッチを終了] をクリックします❸。

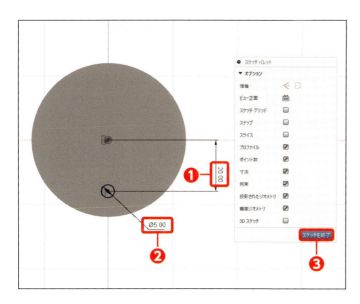

5 コマンドを実行する

[押し出し] をクリックします❶。

6 距離を入力する

距離に「1」を入力し❶、[OK] をクリックします❷。

角を丸める

1 コマンドを実行する

［フィレット］をクリックします❶。

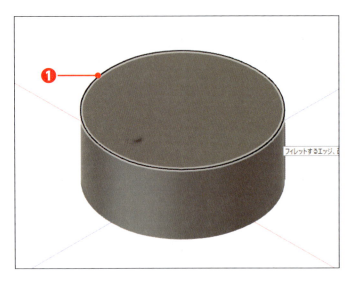

2 要素を選択する

［エッジ］をクリックします❶。

3 半径を入力する

半径に「5」を入力します❶。

4 要素を追加する

[+]をクリックします❶。

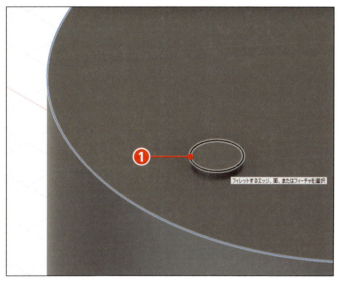

5 要素を選択する

[エッジ]をクリックします❶。

6 半径を入力する

半径に「0.5」を入力して❶、[OK]をクリックします❷。

色を付ける

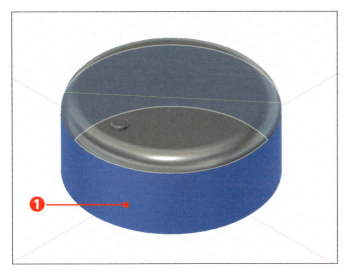

1 面を選択する

［面］をクリックします❶。

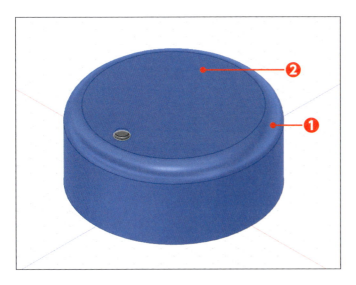

2 面を追加する

Ctrl を押しながら、［面］をクリックし❶、［面］をクリックします❷。

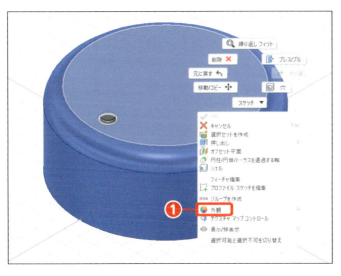

3 外観を実行する

右クリックして、［外観］をクリックします❶。

4 ライブラリを選択する

[ペイント]をクリックし❶、[光沢]をクリックします❷。

5 外観を割り当てる

[ペイント - エナメル光沢(赤)]をドラッグします❶。

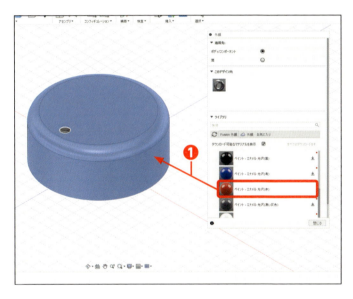

6 外観を終了する

[閉じる]をクリックします❶。

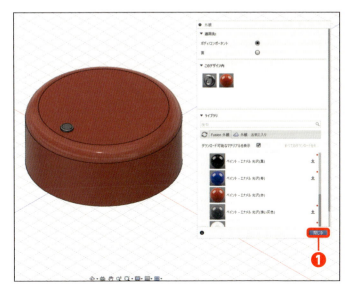

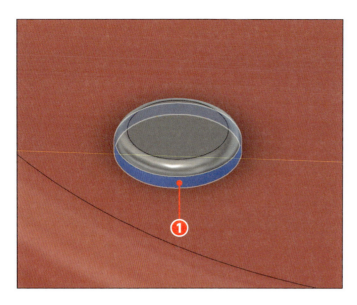

7　面を選択する

[面]をクリックします❶。

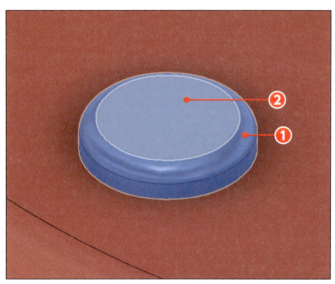

8　面を追加する

Ctrl を押しながら、[面]をクリックし❶、[面]をクリックします❷。

9　外観を実行する

右クリックして、[外観]をクリックします❶。

10 ライブラリを選択する

［ペイント］をクリックし❶、［パウダー コート 滑らか］をクリックします❷。

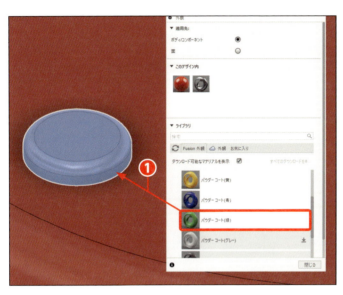

11 外観を割り当てる

［パウダー コート (緑)］をドラッグします❶。

12 外観を終了する

［閉じる］をクリックします❶。

第6章 スイープと構築平面で「デスクライト」を作ろう

Section 02 ライトカバーを作成する

▼ サンプルファイル
練習 ▶ 06-02-a.f3d
完成 ▶ 06-02-z.f3d

ライトカバーはベースから少し離れた場所に作成するため、先に仮の平面（構築平面）を作成します。作成した平面にスケッチを作成して立体形状にし、シェルフィーチャで薄肉化します。

外形を作成する

1　オフセット平面を実行する

［構築］をクリックし❶、［オフセット平面］をクリックします❷。

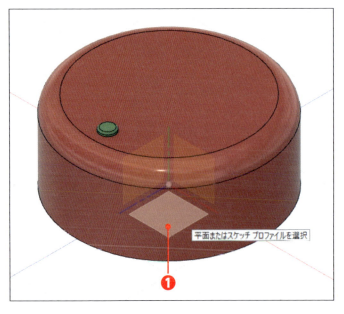

2　基準面を選択する

［XZ平面］をクリックします❶。

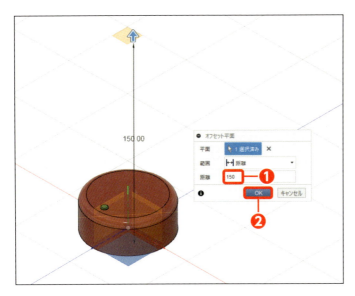

3 距離を入力する

距離に「150」を入力して❶、[OK]をクリックします❷。

> **Check**
> これを「構築平面」といいます。

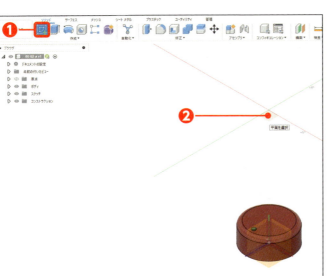

4 スケッチ環境にする

「スケッチを作成」をクリックし❶、[構築平面]をクリックします❷。

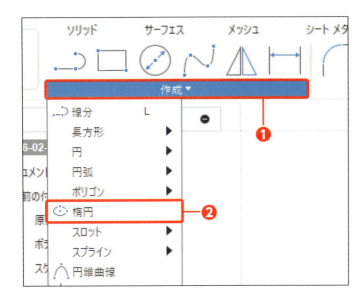

5 コマンドを実行する

[作成]をクリックし❶、[楕円]をクリックします❷。

6 楕円を作成する

1点目付近をクリックし❶、2点目付近、3点目付近をクリックします❷❸。

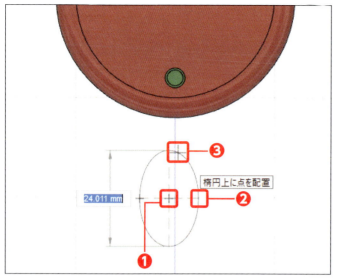

✔ **Check**

❶❷は水平に作成します。

7 幾何拘束を付加する

[水平/垂直]をクリックします❶。[原点]をクリックし❷、楕円の[中心点]をクリックします❸。

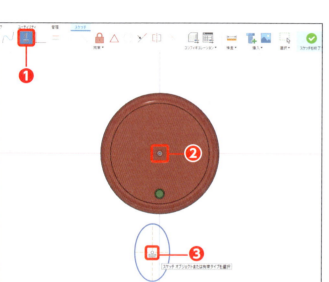

8 コマンドを実行する

[スケッチ寸法]をクリックします❶。

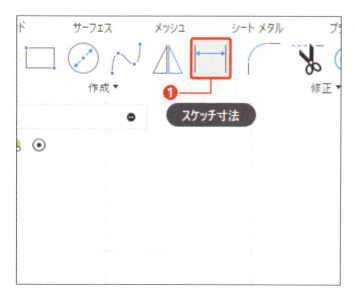

9 距離を追加する

[原点] をクリックし ❶、楕円の [中心点] をクリックして ❷、距離「50」を追加します ❸。

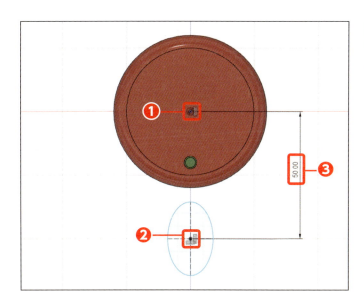

10 長径を追加する

[長径軸] をクリックし ❶、長さ「40」を追加します ❷。

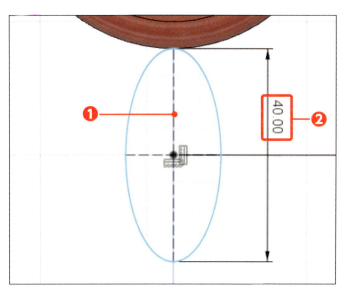

11 短径を追加する

[短径軸] をクリックします ❶。長さ「30」を追加して ❷、[スケッチを終了] をクリックします ❸。

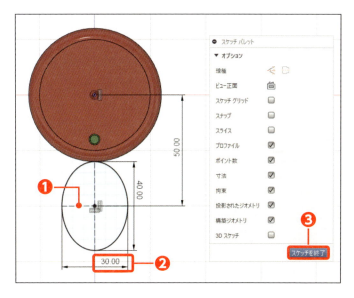

12 コマンドを実行する

[押し出し]をクリックします❶。

13 距離を入力する

距離に「15」を入力します❶。

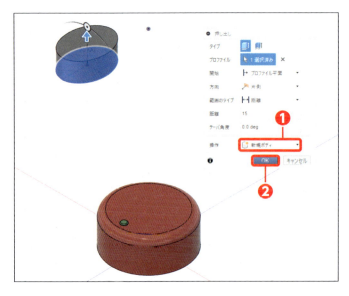

14 新規ボディにする

操作の[新規ボディ]をクリックし❶、[OK]をクリックします❷。

角を丸める

1 コマンドを実行する

[フィレット]をクリックします❶。

2 要素を選択する

[エッジ]をクリックします❶。

3 半径を入力する

半径に「10」を入力して❶、[OK]をクリックします❷。

薄肉化する

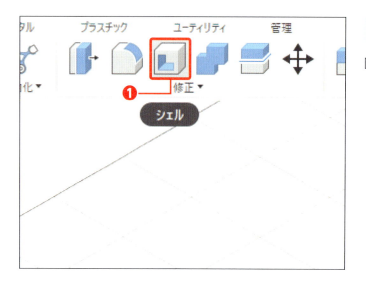

1 コマンドを実行する

［シェル］をクリックします❶。

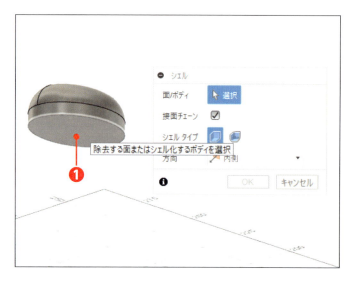

2 除去面を選択する

［面］をクリックします❶。

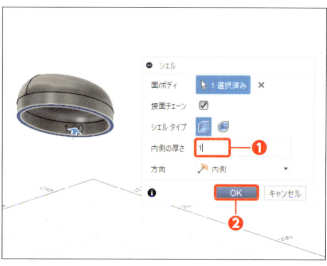

3 厚さを入力する

内側の厚さに「1」を入力して❶、［OK］をクリックします❷。

◆ 色を付ける

1 ボディを展開する

ボディ左の▷をクリックします❶。

2 ボディを選択する

[ボディ2]をクリックします❶。

3 外観を実行する

右クリックして、[外観]をクリックします❶。

4　色を選択する

このデザイン内の［ペイント - エナメル 光沢（赤）］をクリックします❶。

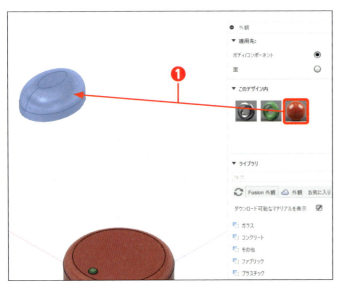

5　外観を割り当てる

［ボディ2］へドラッグします❶。

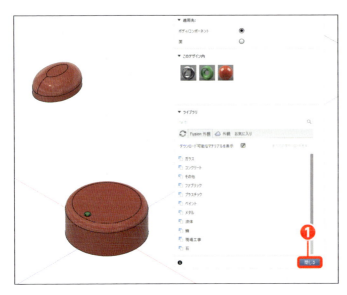

6　外観を終了する

［閉じる］をクリックします❶。

第6章 スイープと構築平面で「デスクライト」を作ろう

Section 03 スイープで支柱を作成する

▼サンプルファイル
練習 06-03-a.f3d
完成 06-03-z.f3d

支柱は、スイープフィーチャで作成します。スイープフィーチャで作成するには、2つのスケッチが必要です。1つはパス、もう1つは断面です。作成手順を確認しましょう。

パスを作成する

1 コマンドを実行する

[スケッチを作成] をクリックし❶、原点左の▷をクリックします❷。

Check
1つ目のスケッチ（パス）を作成します。

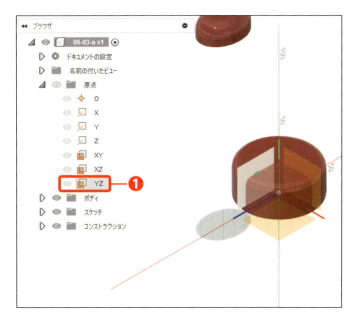

2 平面を選択する

[YZ] をクリックします❶。

159

3 コマンドを実行する

［線分］をクリックします❶。

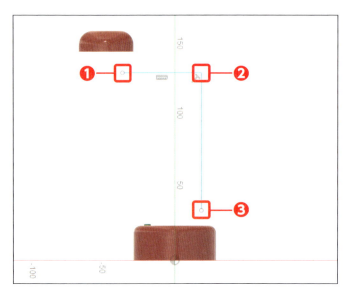

4 線分を作成する

1点目付近でクリックし❶、2点目付近、3点目付近でクリックします❷❸。 Esc を押します。

❶❷は水平、❷❸は垂直に作成します。

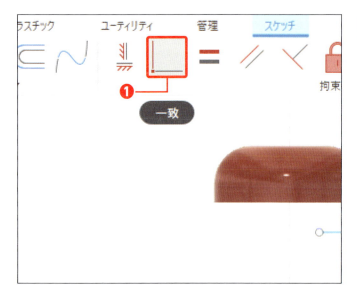

5 幾何拘束を実行する

［一致］をクリックします❶。

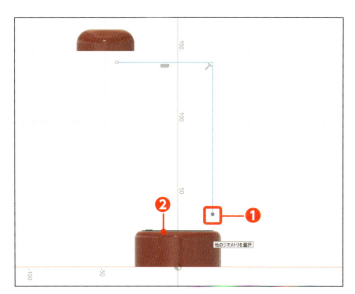

6 要素を選択する

［端点］をクリックし❶、［エッジ］をクリックします❷。

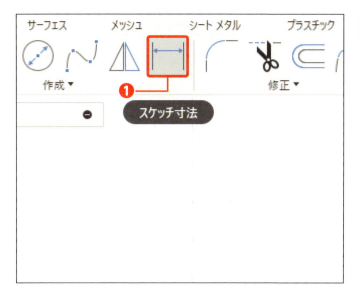

7 コマンドを実行する

［スケッチ寸法］をクリックします❶。

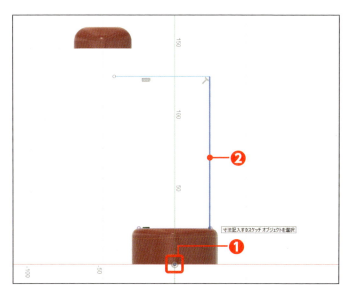

8 要素を選択する

［原点］をクリックし❶、［線分］をクリックします❷。

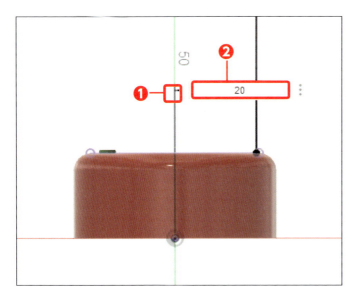

9　値を入力する

左図付近でクリックし❶、値に「20」を入力して❷、Enterを押します。

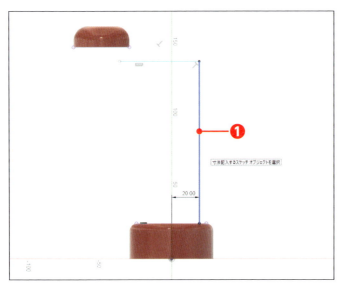

10　要素を選択する

［線分］をクリックします❶。

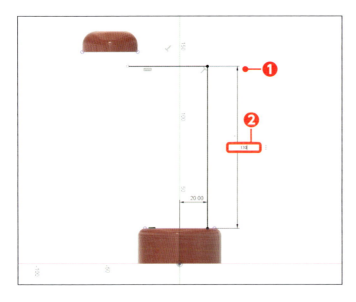

11　値を入力する

左図付近でクリックし❶、値に「130」を入力して❷、Enterを押します。

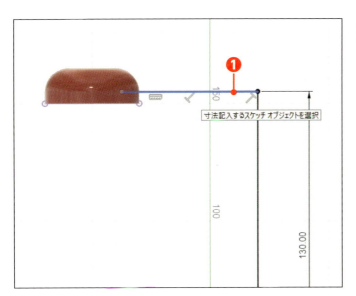

12　要素を選択する

[線分]をクリックします❶。

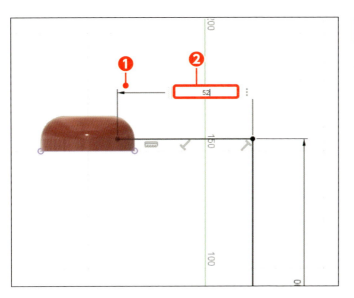

13　値を入力する

左図付近でクリックし❶、値に「52」を入力して❷、Enterを押します。

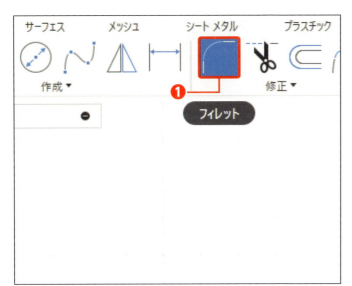

14　コマンドを実行する

[フィレット]をクリックします❶。

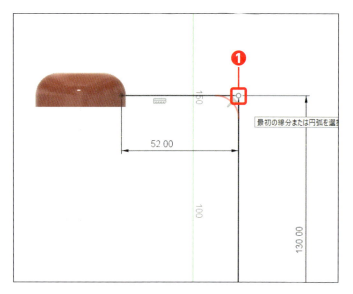

15 要素を選択する

[端点]をクリックします❶。

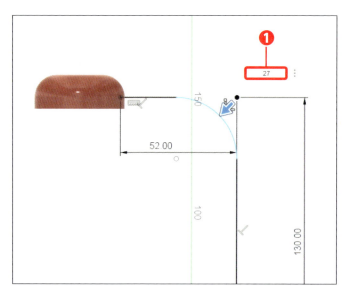

16 半径を入力する

半径に「27」を入力して❶、Enter を押します。

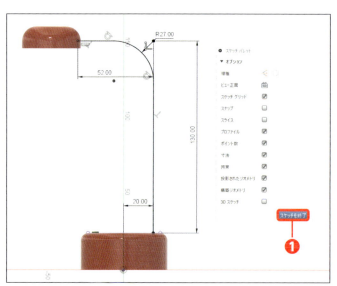

17 スケッチを終了する

[スケッチを終了]をクリックします❶。

これを「パス」とします。

断面を作成する

1 コマンドを実行する

[スケッチを作成] をクリックします❶。

> **Check**
> 2つ目のスケッチ（断面）を作成します。

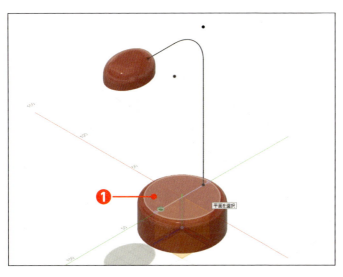

2 平面を選択する

[面] をクリックします❶。

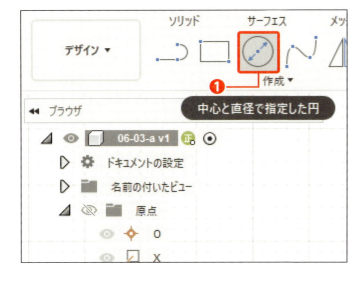

3 コマンドを実行する

[中心と直径で指定した円] をクリックします❶。

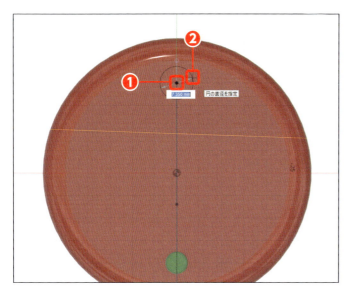

4 要素を選択する

［1点目］をクリックし❶、2点目付近をクリックします❷。

✓ **Check**

1点目は、前項で作成した「パス」と一致します。

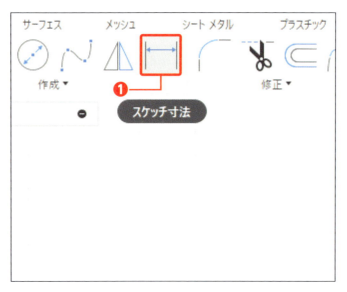

5 コマンドを実行する

［スケッチ寸法］をクリックします❶。

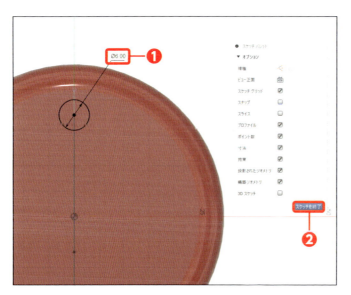

6 直径を追加する

直径「6」を追加して❶、［スケッチを終了］をクリックします❷。

スイープを作成する

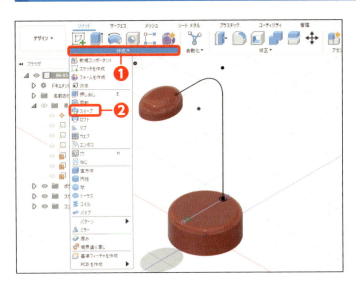

1 コマンドを実行する

[作成]をクリックし❶、[スイープ]をクリックします❷。

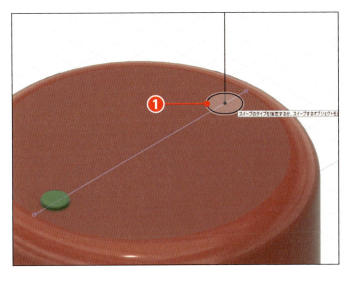

2 プロファイルを選択する

[円]をクリックします❶。

3 選択を実行する

パスの[選択]をクリックします❶。

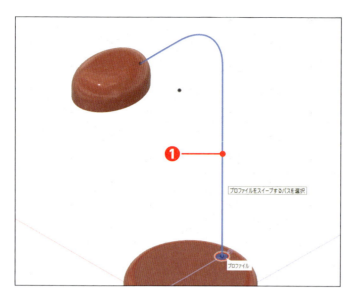

4 パスを選択する

［パス］をクリックします❶。

5 操作を設定する

操作の［新規ボディ］をクリックします❶。

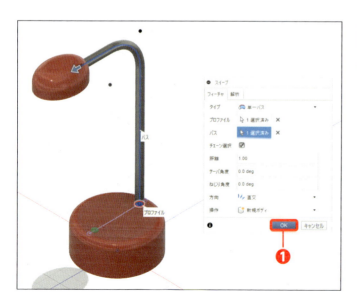

6 OKする

［OK］をクリックします❶。

◆ 色を付ける

1 ボディを展開する

ボディ左の▷をクリックします❶。

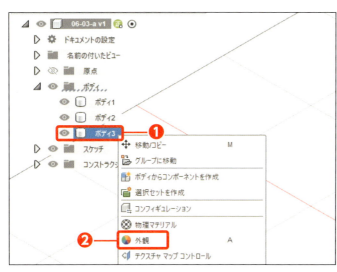

2 外観を実行する

[ボディ3]を右クリックし❶、[外観]をクリックします❷。

3 ライブラリを選択する

[Fusion外観]をクリックし❶、[メタル]をクリックします❷。

4 外観を選択する

［アルミニウム］をクリックし❶、［アルミニウム － つや出し］をクリックします❷。

5 外観を割り当てる

［アルミニウム －　つや出し］をドラッグします❶。

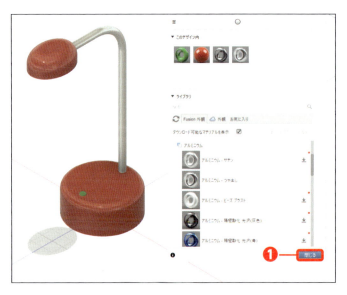

6 外観を終了する

［閉じる］をクリックします❶。

第6章 スイープと構築平面で「デスクライト」を作ろう

Section 04 ライトを作成する

▼ サンプルファイル
練習 06-04-a.f3d
完成 06-04-z.f3d

ライトを作成する際は、操作がしやすいようこまめにビューを変更して作業します。作成後は外観として、「放射光」を割り当てます。

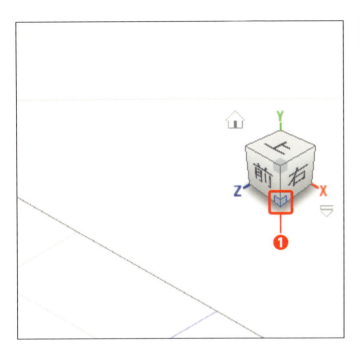

1 ビューを変更する

［ビューキューブ］をクリックします❶。

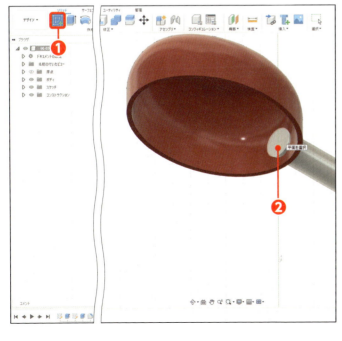

2 スケッチ環境にする

［スケッチを作成］をクリックし❶、［面］をクリックします❷。

171

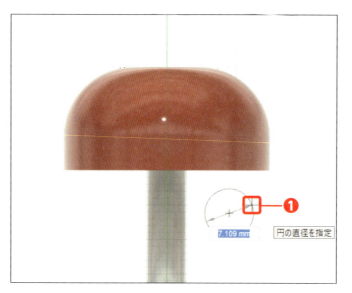

3 円を作成する

左図付近に円を作成します ❶。

Check

コマンドは、「中心と直径で指定した円」です。

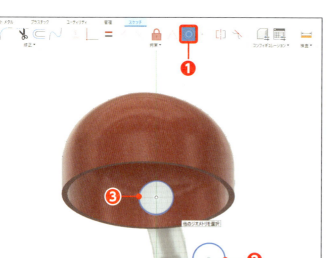

4 幾何拘束を付加する

［同心円］をクリックします ❶。［円］をクリックし ❷、［エッジ］をクリックします ❸。

Check

エッジが選択しやすいように、ビューを少し変更します。

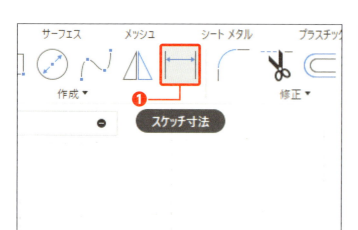

5 コマンドを実行する

［スケッチ寸法］をクリックします ❶。

6 要素を選択する

[円] をクリックします ❶。

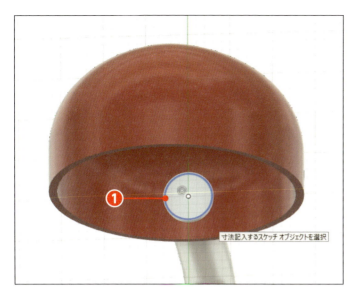

7 直径を入力する

左図付近でクリックし ❶、直径に「3」を入力して ❷、Enter を押します。

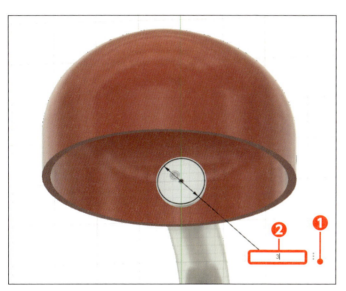

8 スケッチを終了する

[スケッチを終了] をクリックします ❶。

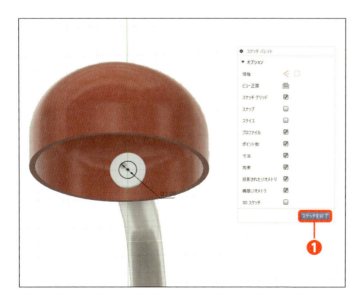

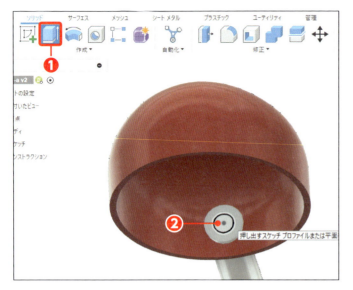

9 コマンドを実行する

[押し出し] をクリックし❶、[プロファイル] を選択します❷。

10 距離を入力する

距離に「30」を入力します❶。

11 操作を設定する

操作の [新規ボディ] をクリックし❶、[OK] をクリックします❷。

12 ボディを展開する

ボディ左の ▷ をクリックします ❶。

13 外観を実行する

［ボディ4］を右クリックし ❶、［外観］をクリックします ❷。

14 ライブラリを選択する

［Fusion外観］をクリックし ❶、［その他］をクリックします ❷。

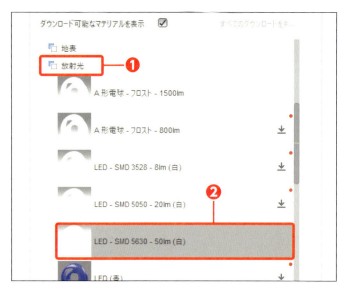

15 外観を選択する

［放射光］をクリックし❶、［LED - SMD 5630 - 50lm（白）］をクリックします❷。

16 外観を割り当てる

［LED - SMD 5630 - 50lm（白）］をドラッグします❶。

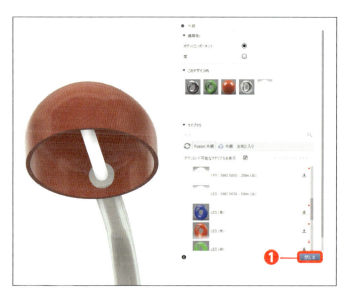

17 外観を終了する

［閉じる］をクリックします❶。

第 7 章

ロフトとシェルで
「ロート」を作ろう

この章で行うこと

この章では、ロフト機能を使ってロートを作成します。ロフトフィーチャは、複数の断面スケッチをつなげて形状を作成する機能です（下図❶❷）。切り取り形状も有効です（下図❸）。ロフトフィーチャでは、各スケッチの作成がポイントになります。

Section01 は、構築平面・ロフトフィーチャ・押し出しフィーチャを使って、外形状を作成します。

Section02 は、フィレットフィーチャで角に丸みを付けます。

Section03 は、シェルフィーチャで薄肉化します。外形にフィレットフィーチャで丸みを付けておくことで、簡単に薄肉化することができます。

Section04 は、ロート先端部を斜めにカットします。さまざまなフィーチャを覚えると傾斜のカットはどのフィーチャで作成するのがよいか考えてしまいがちですが、基本を思い出し、押し出しフィーチャで作成します。

❶断面スケッチが2つの例

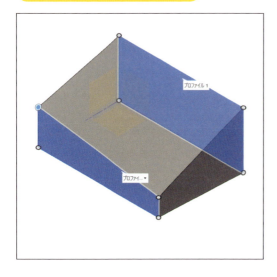

❷断面スケッチが3つの例

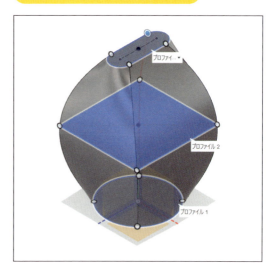

❸切り取りの例

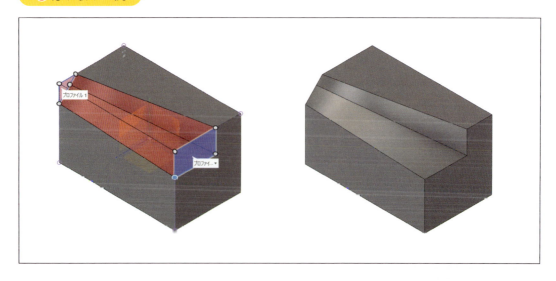

▷ **POINT 1**

外形を作成します。

▷ **POINT 2**

フィレット フィーチャで角を丸めます。

▷ **POINT 3**

シェルで薄肉化します。

▷ **POINT 4**

押し出し フィーチャで先端をカットします。

Section 01 本体を作成する

▼サンプルファイル
練習 07-01-a.f3d
完成 07-01-z.f3d

ロートの本体を作成します。ここでは、2つの断面スケッチをつなぎ、ロフトフィーチャで作成します。また、断面の作成に必要な構築平面（オフセット平面）の作成も行います。

断面スケッチ（1）を作成する

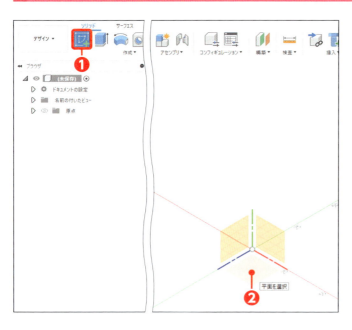

1 スケッチ環境にする

［スケッチを作成］をクリックし❶、［XZ平面］をクリックします❷。

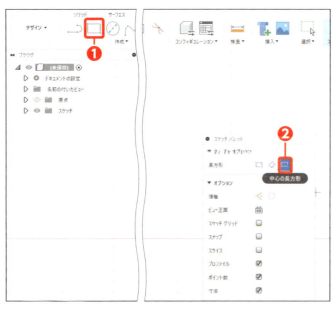

2 コマンドを実行する

［2点指定の長方形］をクリックし❶、スケッチパレットの［中心の長方形］をクリックします❷。

3 長方形を作成する

［原点］をクリックし❶、2点目付近をクリックします❷。

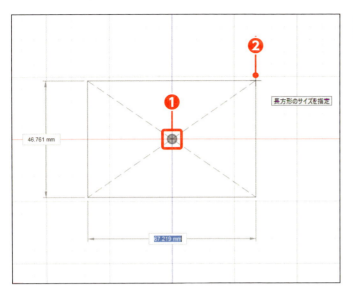

4 横長さを追加する

［スケッチ寸法］をクリックします❶。
［線分］をクリックし❷、長さ「100」を追加します❸。

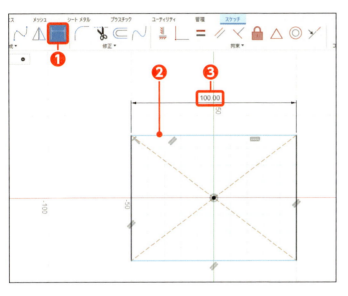

5 縦長さを追加する

［線分］をクリックし❶、長さ「100」を追加して❷、［スケッチを終了］をクリックします❸。

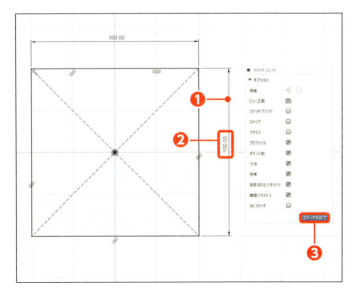

> **Check**
>
> ここで作成したスケッチを「断面スケッチ(1)」と呼びます。

第7章 ロフトとシェルで「ロート」を作ろう

断面スケッチ (2) を作成する

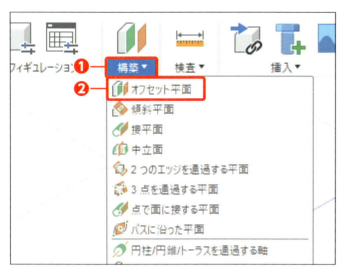

1　コマンドを実行する

[構築] をクリックし❶、[オフセット平面] をクリックします❷。

✓ Check

ホームビューにします。

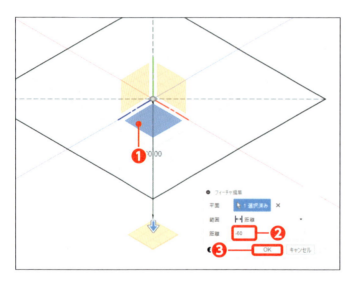

2　距離を入力する

[XZ平面] クリックし❶、距離に「-60」を入力して❷、[OK] をクリックします❸。

✓ Check

ここで作成した平面は、以降「構築平面」と呼びます。

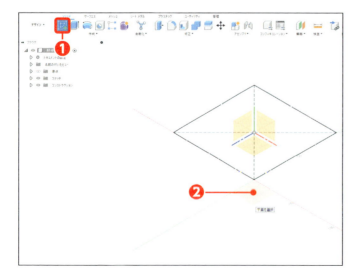

3　コマンドを実行する

[スケッチを作成] をクリックし❶、[構築平面] をクリックします❷。

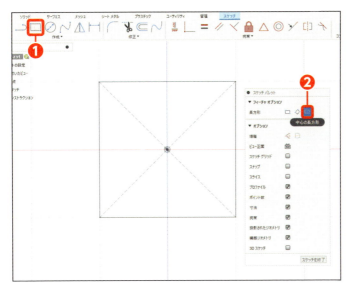

4 コマンドを実行する

[2点指定の長方形]をクリックし❶、スケッチパレットの[中心の長方形]をクリックします❷。

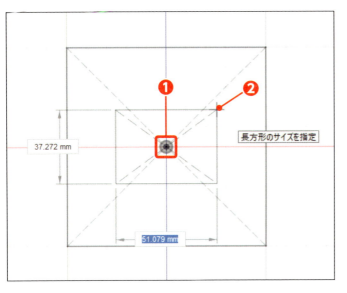

5 長方形を作成する

[原点]をクリックし❶、2点目付近をクリックします❷。

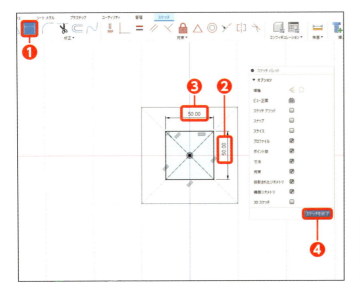

6 縦横の長さ寸法を追加する

[スケッチ寸法]をクリックします❶。縦長さ「50」、横長さ「50」を追加して❷❸、[スケッチを終了]をクリックします❹。

✅ **Check**

ここで作成したスケッチを以降は「断面スケッチ（2）」と呼びます。

ロフト部を作成する

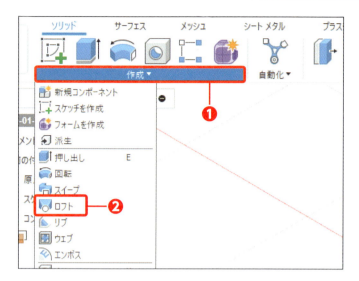

1 コマンドを実行する

[作成]をクリックし❶、[ロフト]をクリックします❷。

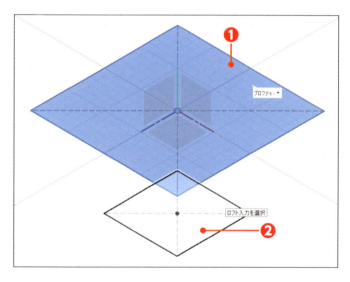

2 プロファイルを選択する

[断面スケッチ(1)]をクリックし❶、[断面スケッチ(2)]をクリックします❷。

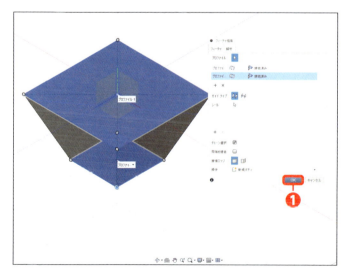

3 OKする

[OK]をクリックします❶。

押し出し部を作成する

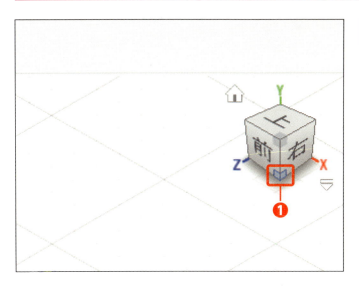

1 ビューを変更する

［ビューキューブ］をクリックします❶。

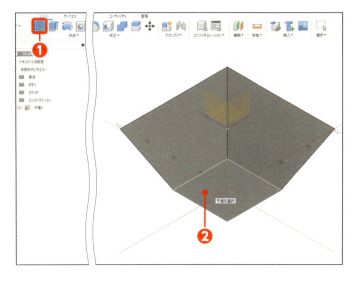

2 スケッチ環境にする

［スケッチを作成］をクリックし❶、［面］をクリックします❷。

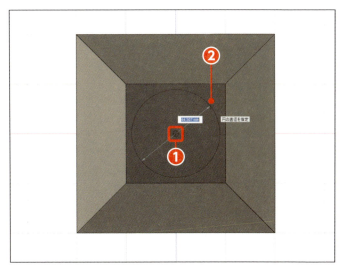

3 円を作成する

［原点］をクリックし❶、2点目付近をクリックします❷。

 Check

コマンドは、「中心と直径で指定する円」です。

4 コマンドを実行する

[スケッチ寸法]をクリックします❶。

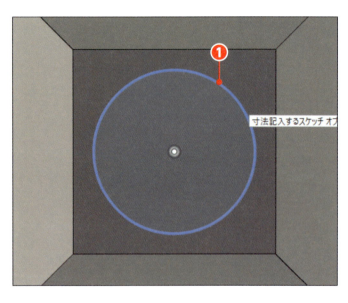

5 要素を選択する

[円]をクリックします❶。

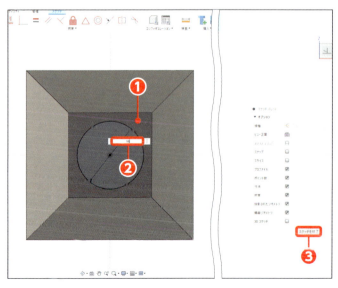

6 直径を追加する

左図付近でクリックし❶、直径「16」を入力して❷、Enterを押します。[スケッチを終了]をクリックします❸。

7 コマンドを実行する

［押し出し］をクリックします❶。

8 距離を入力する

距離に「50」を入力します❶。

9 OKする

［OK］をクリックします❶。

Section 02 角を丸める

▼サンプルファイル
練習 07-02-a.f3d
完成 07-02-z.f3d

本体の角部にフィレットフィーチャで丸みを付けます。丸みを付けるのは、6箇所になります。見落としがちな部分は、ビューを変更して操作します。

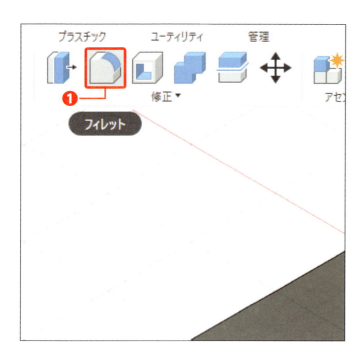

1 コマンドを実行する

[フィレット]をクリックします❶。

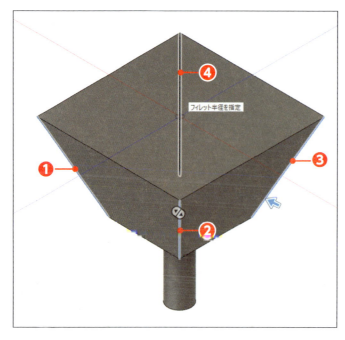

2 要素を選択する

[エッジ]をクリックします❶❷❸❹。

3 半径を入力する

半径に「20」を入力し❶、[OK] をクリックします❷。

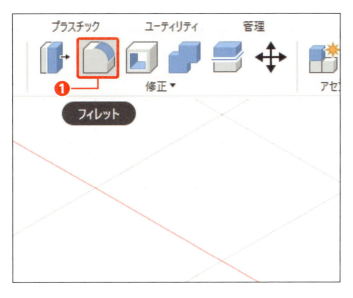

4 コマンドを実行する

[フィレット] をクリックします❶。

5 要素を選択する

[エッジ] をクリックします❶。

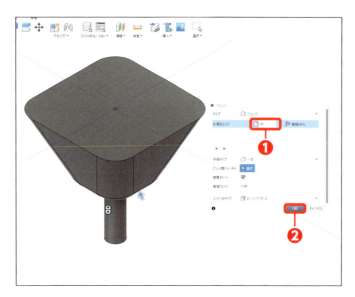

6 半径を入力する

半径「10」を入力し❶、[OK] をクリックします❷。

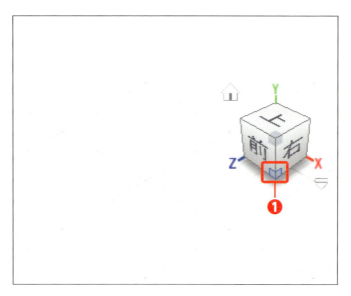

7 ビューを変更する

[ビューキューブ] をクリックします❶。

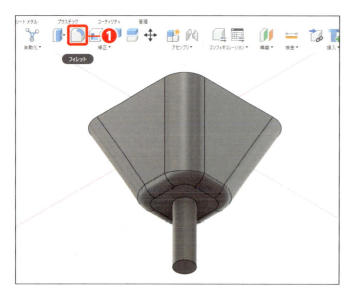

8 コマンドを実行する

[フィレット] をクリックします❶。

9 要素を選択する

[エッジ] をクリックします ❶。

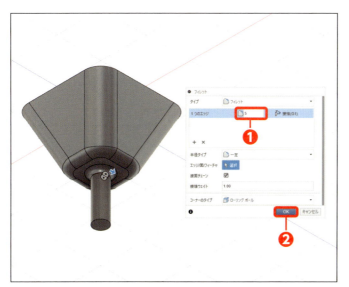

10 半径を入力する

半径に「5」を入力して ❶、[OK] を
クリックします ❷。

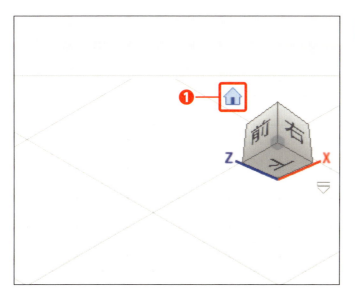

11 ビューを変更する

[ホームビュー] をクリックします ❶。

Section 03 シェルで薄肉化する

▼ サンプルファイル
練習 ▶ 07-03-a.f3d
完成 ▶ 07-03-z.f3d

外形ができたところでシェルフィーチャで薄肉化します。角部は先に丸みを付けておくと簡単に薄肉化できます。開口部は、面を削除します。

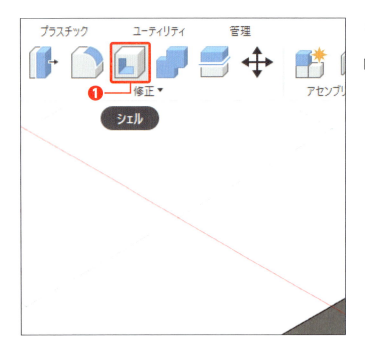

1 コマンドを実行する

［シェル］をクリックします❶。

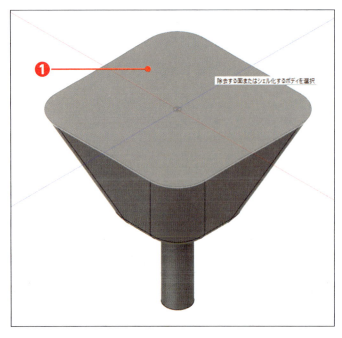

2 削除する面を選択する

［面］をクリックします❶。

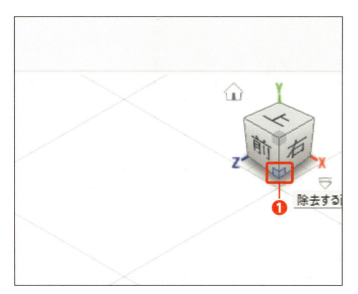

3 ビューを変更する

[ビューキューブ]をクリックします❶。

4 削除する面を選択する

[面]をクリックします❶。

5 厚さを入力する

内側の厚さに「1.5」を入力して❶、[OK]をクリックします❷。

第7章 ロフトとシェルで「ロート」を作ろう

Section 04 先端をカットする

▼サンプルファイル
練習 07-04-a.f3d
完成 07-04-z.f3d

先端部は、30°でカットします。ここは、押し出しフィーチャの切り取りで作成します。円柱などのエッジとスケッチに幾何拘束を付ける際は、投影／取り込み操作を行います。

1 コマンドを実行する

［スケッチを作成］をクリックします❶。

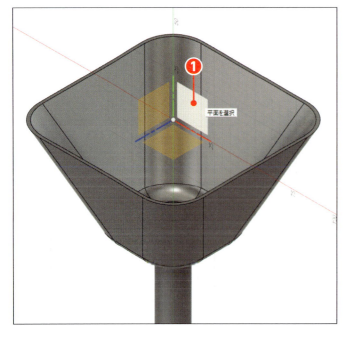

2 平面を選択する

［XY平面］をクリックします❶。

3 コマンドを実行する

[線分] をクリックします ❶。

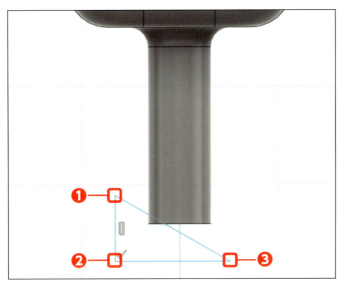

4 三角形を作成する

左図付近をクリックし ❶、2点目、3点目付近でクリックします ❷ ❸。

Check

❶❷は垂直、❷❸は水平です。

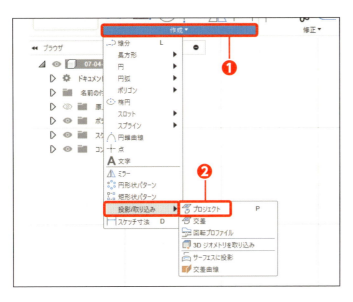

5 プロジェクトを実行する

[作成] をクリックします ❶。[投影/取り込み] → [プロジェクト] をクリックします ❷。

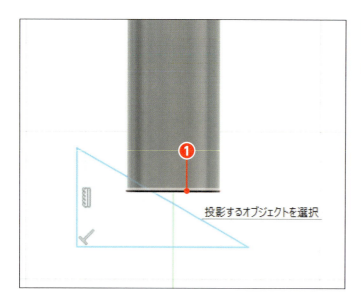

6 要素を選択する

［エッジ］をクリックします❶。

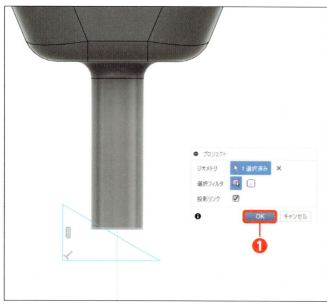

7 OKする

［OK］をクリックします❶。

> **Check**
> これを投影エッジとします。これにより、幾何拘束が付加できるようになります。

8 要素を選択する

［投影エッジ］をクリックします❶。

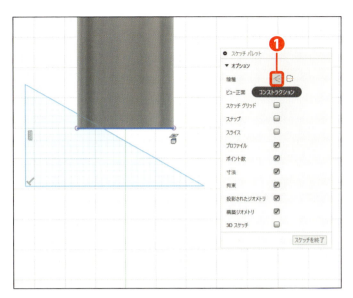

9 コンストラクションにする

[コンストラクション]をクリックし❶、Esc を押します。

✓ **Check**

実線から補助線にする操作です。立体にする線ではないが必要な線は、このように線種を変更します。

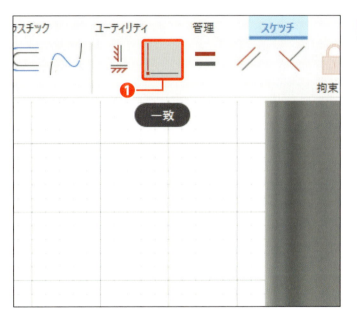

10 一致拘束を実行する

[一致]をクリックします❶。

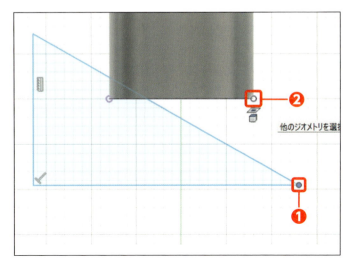

11 要素を選択する

[端点]をクリックし❶、[端点]をクリックします❷。

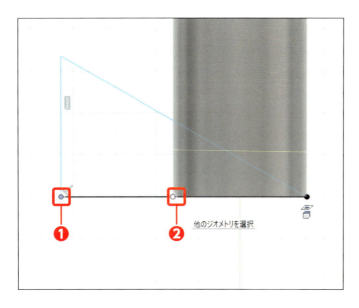

12 要素を選択する

[端点]をクリックし❶、[端点]をクリックします❷。

13 コマンドを実行する

[スケッチ寸法]をクリックします❶。

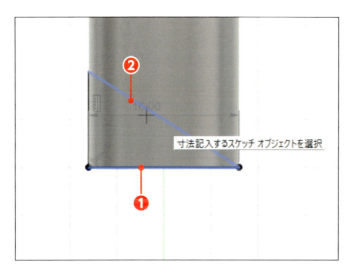

14 要素を選択する

[線分]をクリックし❶、[線分]をクリックします❷。

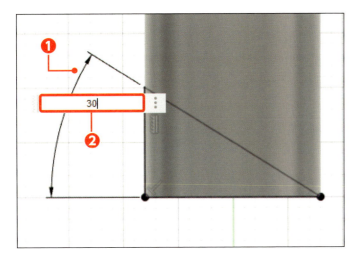

15 角度を入力する

左図付近をクリックし❶、角度「30」を入力して❷、Enter を押します。

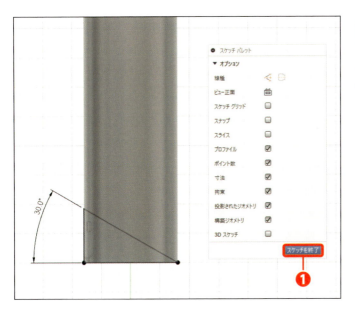

16 スケッチを終了する

[スケッチを終了] をクリックします❶。

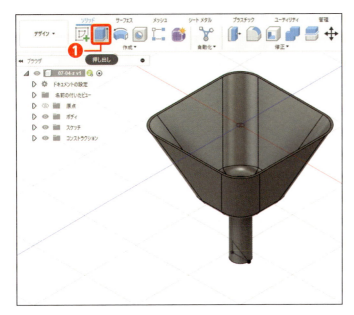

17 コマンドを実行する

[押し出し] をクリックします❶。

18 方向を設定する

方向の[対称]をクリックします❶。

19 距離を設定する

距離の[すべて]をクリックします❶。

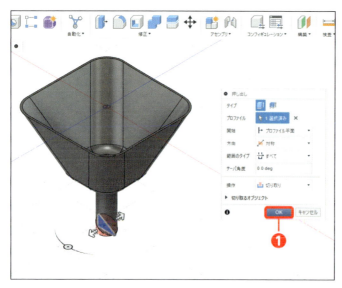

20 OKする

[OK]をクリックします❶。

第 8 章

「蝶番」を作ろう
—— パーツ作成

この章で行うこと

この章では、蝶番のパーツ3点を作成します。
Section01 では、蝶番 A を作成します。作成するパーツの形状を見極め、どの順番で作成すると効率的に作成ができるか、最初の部位はどの平面からスケッチを描き始めるとよいかなど整理して作業を開始しましょう。
Section02 は、蝶番 B を作成します。蝶番 A と B はよく似た形状です。蝶番 A を流用し、少しの編集で作成することができるので作業の流れを確認しましょう。データを流用することで作成の時間を短縮できることが理解できます。
Section03 は、結合ピンを作成します。結合ピンは蝶番 A と B を結合するためのもので、抜き差しができるよう先端部に割りを入れます。割りを入れることで穴より少し小さくできるため、抜き差しがしやすくなります。

差し込み時に入りやすくなる

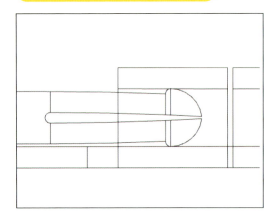

差し込み後に広がる

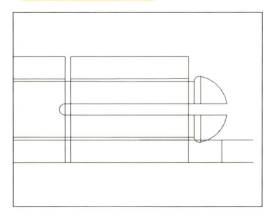

Section04 は、作成したデータが寸法通りできているか測定し、確認する方法を学習します。

3D プリンターをお持ちの方は、パーツ3点を作成後、実際にプリントして組み付けてみましょう。各パーツの寸法は、3D プリンターで印刷して組み付けができように設定してあります。うまく組み付かない場合は、その部分の寸法を編集して再度プリントしてみましょう。

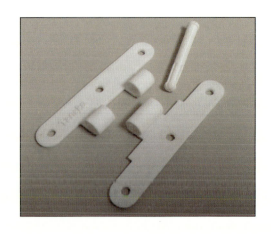

▷ POINT 1

蝶番Aを作成する。

▷ POINT 2

蝶番Aを編集して蝶番Bを作成する。

▷ POINT 3

結合ピンを作成する。

▷ POINT 4

各部を計測する。

第8章 「蝶番」を作ろう——パーツ作成

第 8 章 「蝶番」を作ろう —— パーツ作成

Section 01 蝶番Aを作成する

▼ サンプルファイル
練習 ▶ 08-01-a.f3d
完成 ▶ 08-01-z.f3d

はじめに、蝶番 A のモデリングを行います。スケッチではスロット、長方形、円といったコマンドを活用し、押し出し、穴フィーチャを使用します。穴位置を決めるために先に作成したスケッチを流用します。

本体を作成する (1)

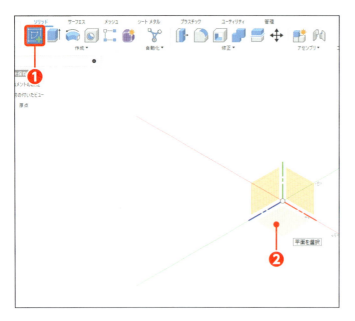

1　スケッチ環境にする

［スケッチを作成］をクリックし❶、［XZ平面］をクリックします❷。

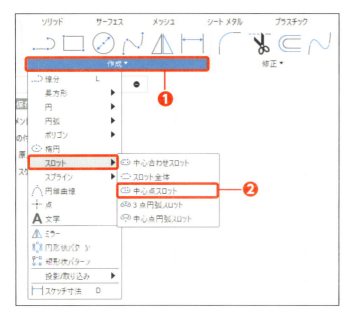

2　コマンドを実行する

［作成］をクリックし❶、［スロット］→［中心点スロット］をクリックします❷。

204

3 スロットを作成する

[原点]をクリックします❶。2点目付近をクリックし❷、3点目付近をクリックします❸。

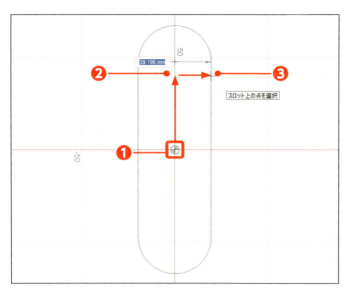

> ✓ **Check**
> ❶❷は垂直に作成します。

4 要素を選択する

[スケッチ寸法]をクリックします❶。[点]をクリックし❷、[点]をクリックします❸。

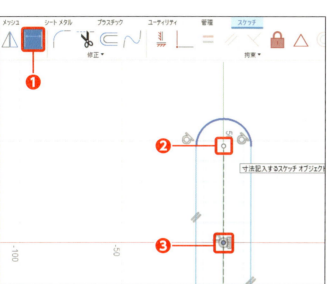

5 値を入力する

左図付近でクリックし❶、値に「31」を入力して❷、[Enter]を押します。

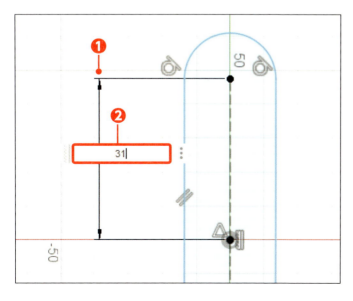

6 幅寸法を追加する

[線分]をクリックし❶、[線分]をクリックして❷、寸法「12」を追加します❸。[スケッチを終了]をクリックします❹。

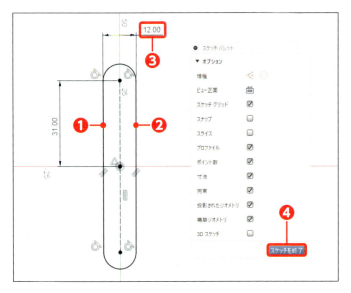

7 コマンドを実行する

[押し出し]をクリックします❶。

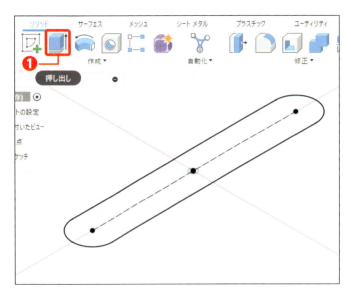

8 距離を入力する

距離に「-2」を入力して❶、[OK]をクリックします❷。

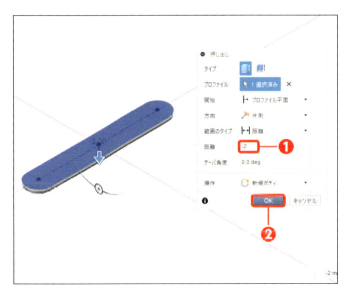

本体を作成する (2)

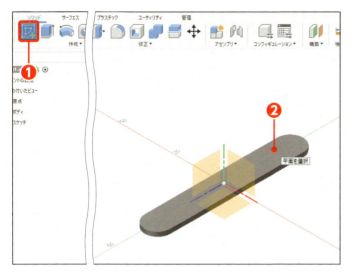

1 スケッチ環境にする

[スケッチを作成]をクリックし❶、[面]をクリックします❷。

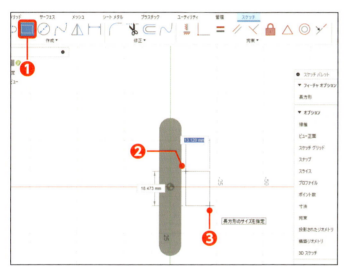

2 長方形を作成する

[2点指定の長方形]をクリックします❶。1点目付近をクリックし❷、2点目付近をクリックします❸。

3 幾何拘束を実行する

[中点]をクリックします❶。

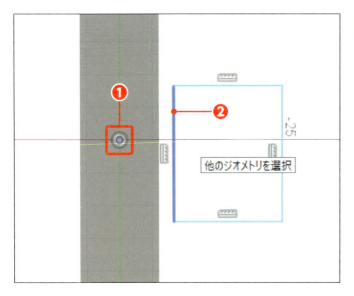

4 要素を選択する

[原点]をクリックし❶、[線分]をクリックします❷。

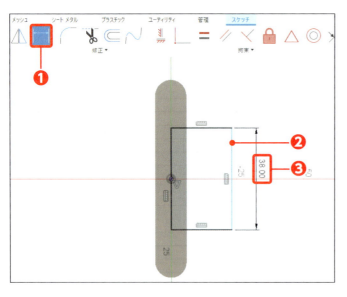

5 縦寸法を追加する

[スケッチ寸法]をクリックします❶。[線分]をクリックし❷、寸法「38」を追加します❸。

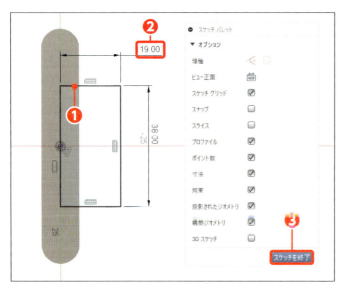

6 横寸法を追加する

[線分]をクリックします❶。寸法「19」を追加して❷、[スケッチを終了]をクリックします❸。

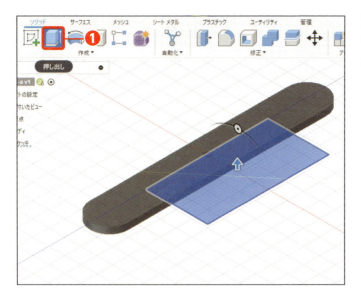

7 コマンドを実行する

[押し出し]をクリックします❶。

8 距離を入力する

距離に「-2」を入力します❶。

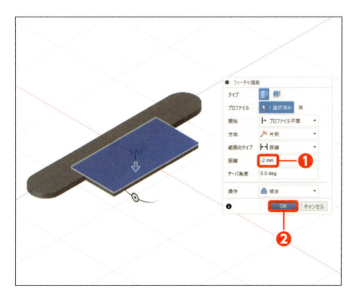

9 操作を設定する

操作の[結合]をクリックし❶、[OK]をクリックします❷。

ヒンジ部を作成する

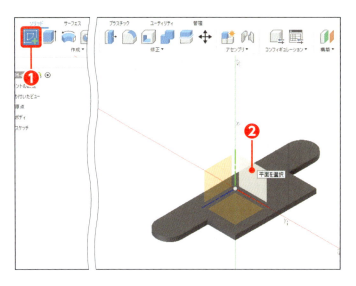

1 スケッチ環境にする

［スケッチを作成］をクリックし❶、［XY平面］をクリックします❷。

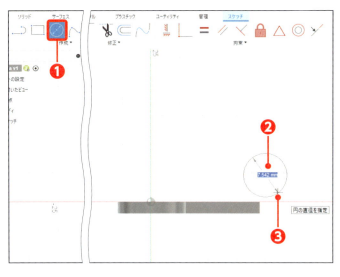

2 円を作成する

［中心と直径で指定した円］をクリックします❶。1点目付近をクリックし❷、2点目付近をクリックします❸。

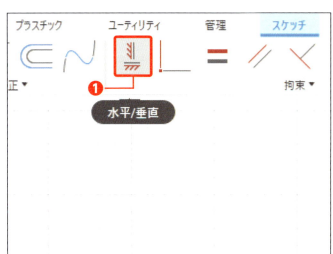

3 幾何拘束を実行する

［水平/垂直］をクリックします❶。

4 要素を選択する

円の[中心点]をクリックし❶、[端点]をクリックします❷。

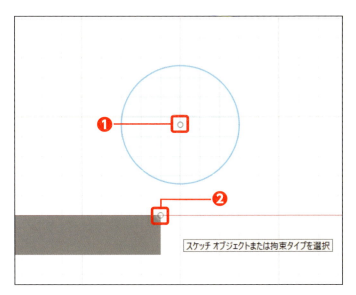

5 幾何拘束を実行する

[拘束]をクリックし❶、[接線]をクリックします❷。

6 要素を選択する

[円]をクリックし❶、[エッジ]をクリックします❷。

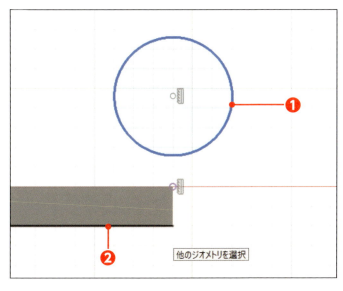

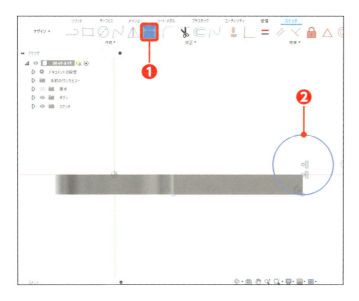

7 スケッチ寸法を実行する

[スケッチ寸法]をクリックし❶、[円]をクリックします❷。

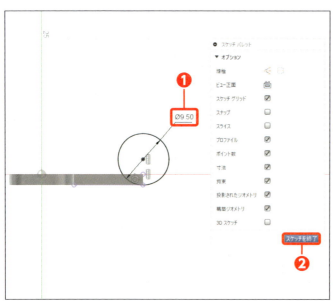

8 直径を追加する

直径「Φ9.5」を追加して❶、[スケッチを終了]をクリックします❷。

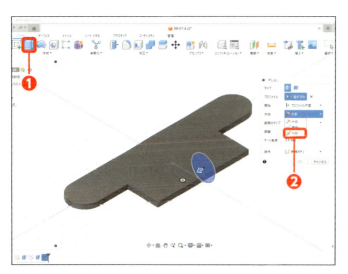

9 コマンドを実行する

[押し出し]をクリックします❶。方向の[対称]をクリックします❷。

10 計測を設定する

計測の[全体の長さ]をクリックします❶。

11 距離を入力する

距離に「38」を入力します❶。

12 操作を設定する

操作の[結合]をクリックし❶、[OK]をクリックします❷。

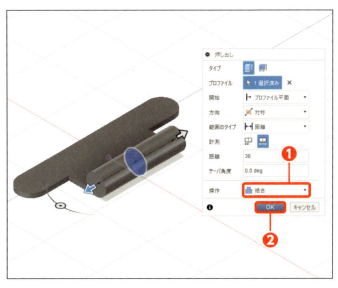

角を丸める

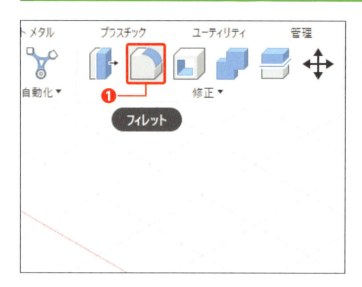

1 コマンドを実行する

[フィレット]をクリックします❶。

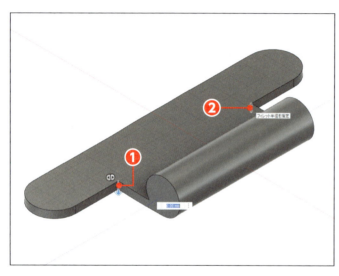

2 エッジを選択する

[エッジ]をクリックします❶❷。

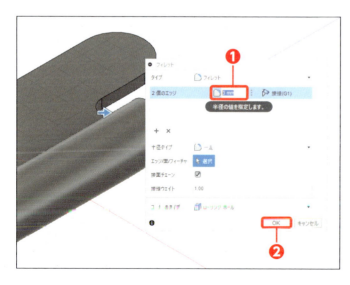

3 半径を入力する

半径に「3」を入力し❶、[OK]をクリックします❷。

ヒンジ部に穴を作成する

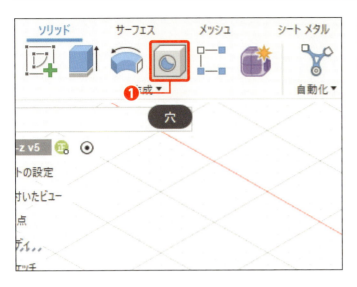

1 コマンドを実行する

[穴]をクリックします❶。

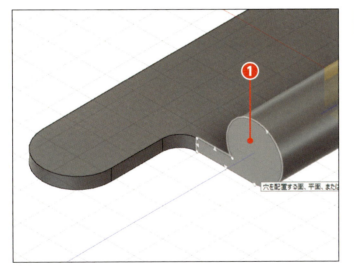

2 面を選択する

[面]をクリックします❶。

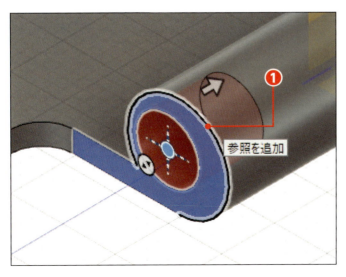

3 エッジを選択する

[エッジ]をクリックします❶。

エッジが選択できない場合は、ズームしてください。また、これによりヒンジと穴が同心になります。

4 深さを設定をする

範囲の [すべて] をクリックします❶。

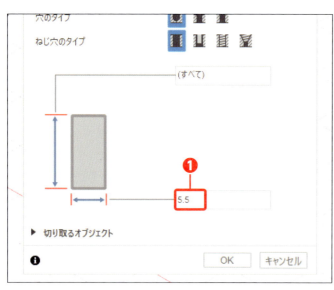

5 直径を入力する

直径に「5.5」を入力します❶。

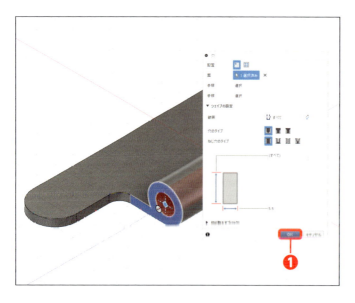

6 OKする

[OK] をクリックします❶。

本体に穴を作成する

1　スケッチを展開する

ブラウザのスケッチ左の ▷ をクリックします❶。

2　スケッチを表示する

スケッチ1左の ◈ をクリックします❶。

> ✓ **Check**
> ◈ が非表示、◉ が表示の状態です。

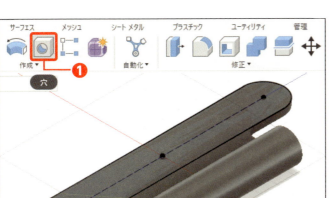

3　コマンドを実行する

[穴]をクリックします❶。

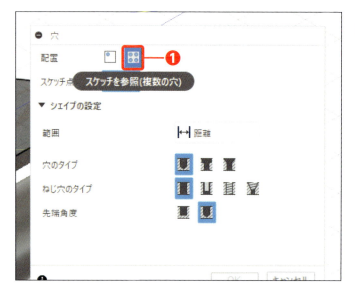

4 配置を選択する

[スケッチを参照(複数の穴)]をクリックします❶。

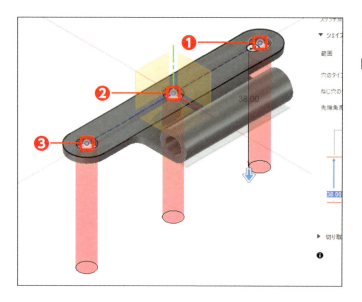

5 点を選択する

[点]をクリックします❶❷❸。

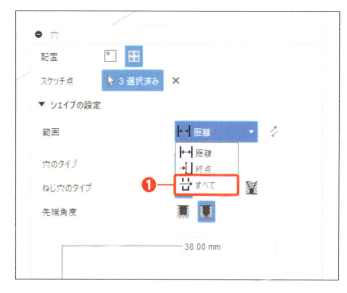

6 深さを設定する

範囲の[すべて]をクリックします❶。

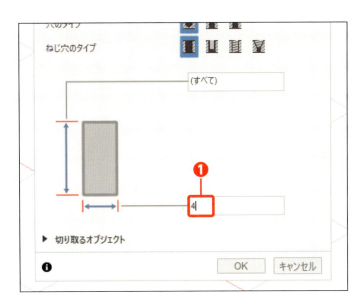

7 直径を入力する

直径に「4」を入力します❶。

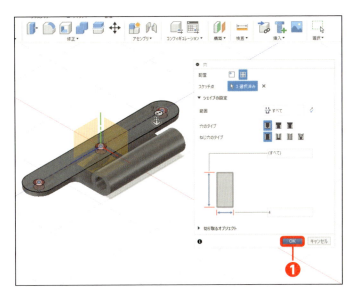

8 OKする

[OK]をクリックします❶。

9 スケッチを非表示にする

スケッチ1左の ◉ をクリックします❶。

ヒンジ部をカットする

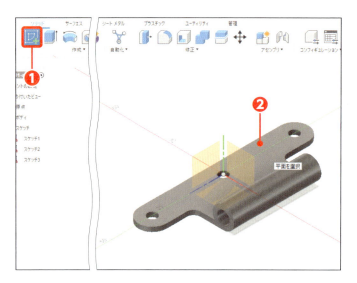

1 スケッチ環境にする

［スケッチを作成］をクリックし❶、［面］をクリックします❷。

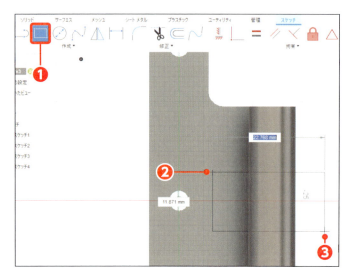

2 長方形を作成する

［2点指定の長方形］をクリックします❶。1点目付近をクリックし❷、2点目付近をクリックします❸。

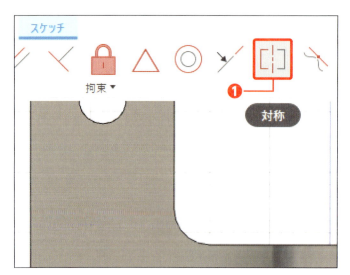

3 幾何拘束を実行する

［対称］をクリックします❶。

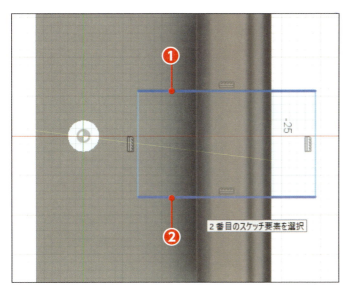

4 要素を選択する

[線分]をクリックし①、[線分]をクリックします②。

5 原点を展開する

原点左の▷をクリックします①。

6 対称線を選択する

[X]をクリックします①。

7 コマンドを実行する

[スケッチ寸法] をクリックします❶。

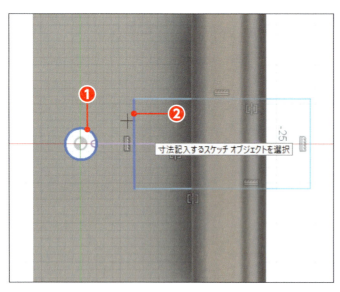

8 要素を選択する

[エッジ] をクリックし❶、[線分] をクリックします❷。

> **Point**
> エッジを先に選択します。

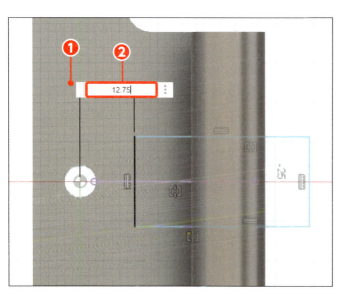

9 値を入力する

左図付近でクリックし❶、値に「12.75」を入力して❷、Enter を押します。

10 縦寸法を追加する

[線分]をクリックし❶、縦寸法「17」を追加します❷。

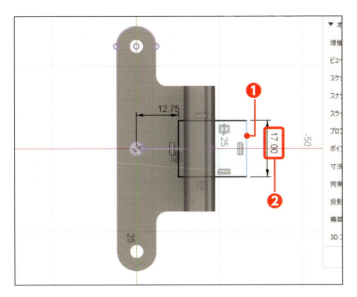

11 要素を選択する

[エッジ]をクリックし❶、[線分]をクリックします❷。

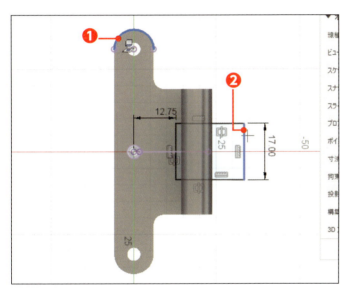

12 値を入力する

左図付近をクリックし❶、値に「19+4.75」を入力して❷、Enter を押します。[スケッチを終了]をクリックします❸。

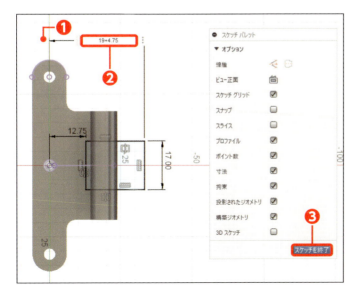

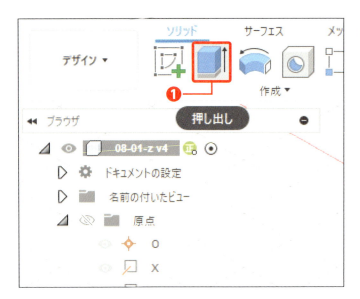

13 コマンドを実行する

[押し出し]をクリックします❶。

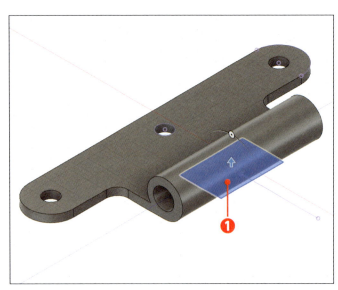

14 プロファイルを選択する

[プロファイル]をクリックします❶。

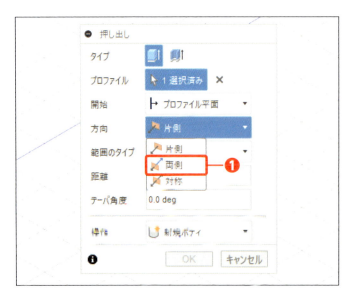

15 範囲のタイプを設定する

範囲のタイプの[両側]をクリックします❶。

16 サイド1を設定する

範囲のタイプの[すべて]をクリックします❶。

17 サイド2を設定する

範囲のタイプの[すべて]をクリックします❶。

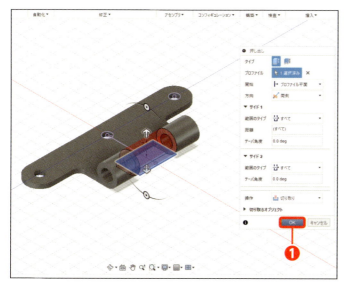

18 OKする

[OK]をクリックします❶。

第8章 「蝶番」を作ろう —— パーツ作成

Section 02 蝶番Bを作成する

▼サンプルファイル
練習 ▶ 08-02-a.f3d
完成 ▶ 08-02-z.f3d

次に、蝶番Bを作成します。蝶番Aを流用し、スケッチやフィーチャを編集して作成します。似たような部品の場合、データを流用することで作成時間を減らすことができます。

スケッチを編集する

1　スケッチを選択する

タイムラインの［スケッチ4］をクリックします❶。

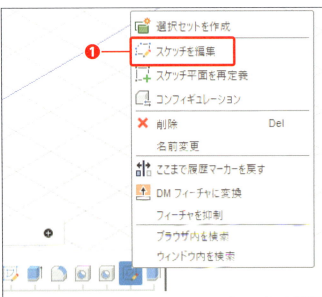

2　スケッチを編集する

右クリックして、［スケッチを編集］をクリックします❶。

226

3 マーカーを選択する

対称拘束の[マーカー]をクリックします❶。

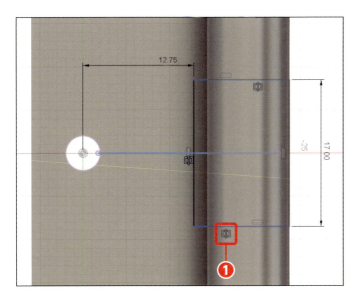

4 削除する

右クリックして、[削除]をクリックします❶。

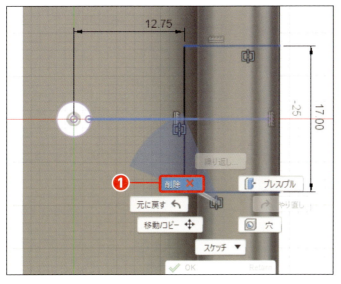

✓ **Check**

選択したあとで Delete を押しても削除できます。

5 同一直線上拘束を実行する

[同一直線上]をクリックします❶。

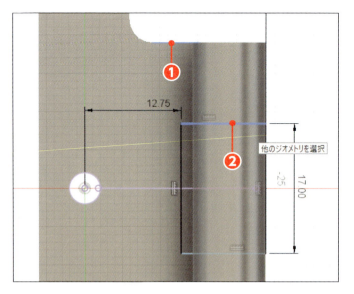

6 要素を選択する

[エッジ]をクリックし❶、[線分]をクリックします❷。Esc を押します。

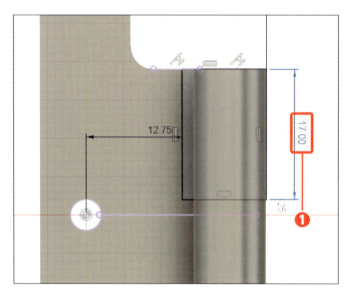

7 寸法を選択する

寸法[17]をクリックします❶。

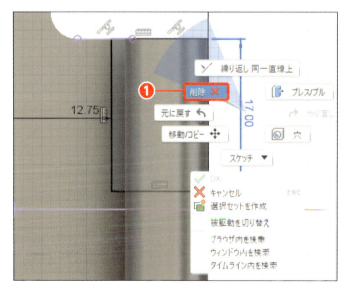

8 削除する

右クリックして、[削除]をクリックします❶。

9 コマンドを実行する

［2点指定の長方形］をクリックします❶。

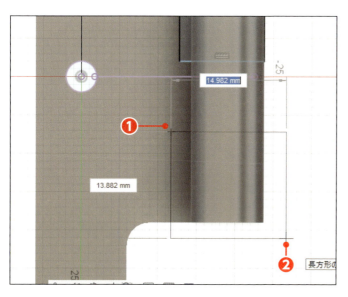

10 長方形を作成する

1点目付近をクリックし❶、2点目付近をクリックします❷。

11 対称拘束を実行する

［対称］をクリックします❶。

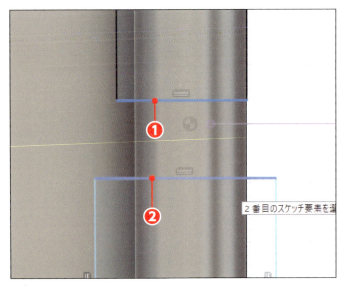

12 要素を選択する

[線分]をクリックし❶、[線分]をクリックします❷。

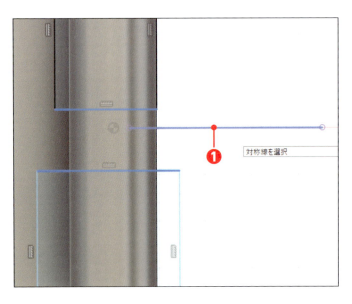

13 対称線を選択する

[線分]をクリックします❶。

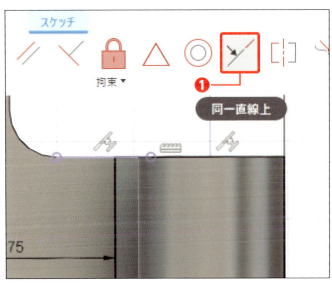

14 同一直線上拘束を実行する

[同一直線上]をクリックします❶。

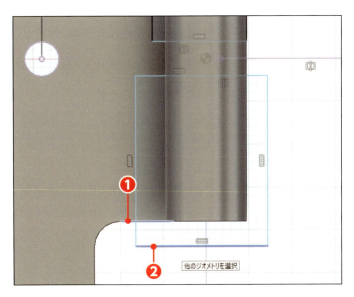

15 要素を選択する

［エッジ］をクリックし❶、［線分］を
クリックします❷。

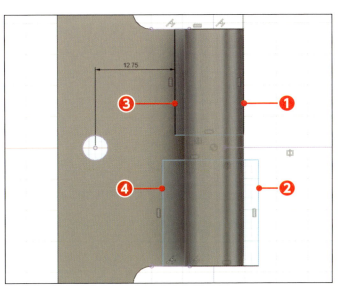

16 要素を選択する

［線分］をクリックし、［線分］をク
リックします❶❷。続けて、［線分］
をクリックし、［線分］をクリックしま
す❸❹。

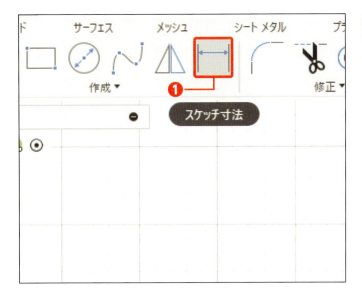

17 コマンドを実行する

［スケッチ寸法］をクリックします❶。

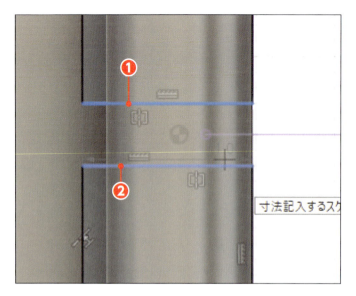

18 要素を選択する

[線分] をクリックし ❶、[線分] をクリックします ❷。

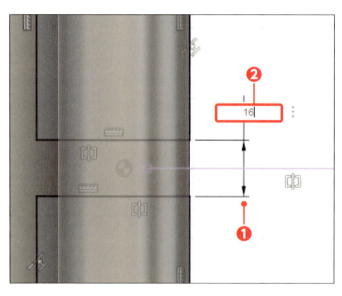

19 値を入力する

左図付近でクリックし ❶、値に「16」を入力して ❷、 Enter を押します。

20 スケッチを終了する

[スケッチを終了] をクリックします ❶。

◆ フィーチャを編集する

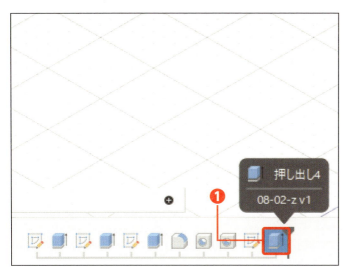

1 フィーチャを選択する

タイムラインの［押し出し4］をクリックします❶。

2 フィーチャを編集する

右クリックして、［フィーチャ編集］をクリックします❶。

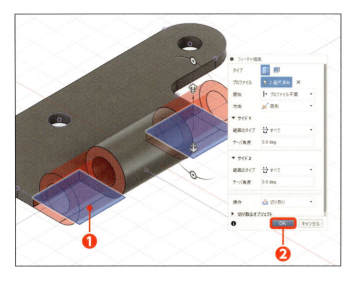

3 プロファイルを選択する

［プロファイル］を選択して❶、［OK］をクリックします❷。

第8章 「蝶番」を作ろう ── パーツ作成

Section 03 結合ピンを作成する

▼ サンプルファイル
練習 ▶ 08-03-a.f3d
完成 ▶ 08-03-z.f3d

3つ目に結合ピンを作成します。結合ピンは、3Dプリンターでの印刷を意識した寸法で作成し、組み付けや取り出しができるよう割りを入れます。

外形を作成する

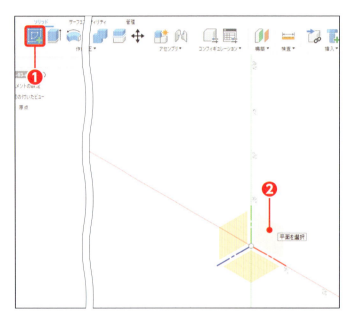

1 スケッチ環境にする

［スケッチを作成］をクリックし❶、［XY平面］をクリックします❷。

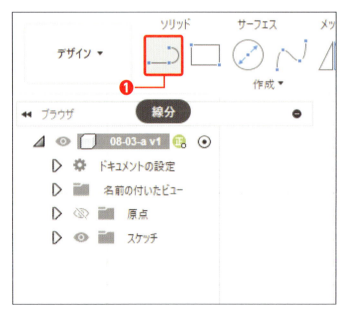

2 コマンドを実行する

［線分］をクリックします❶。

3 図形を作成する

[原点]をクリックし❶、2点目〜7点目までクリックします❷❸❹❺❻❼。 Esc を押します。

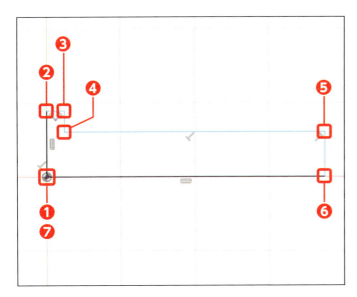

❶❷、❸❹、❺❻は垂直に、❷❸、❹❺、❻❼は水平に作成します。

4 要素を選択する

[線分]をクリックします❶。

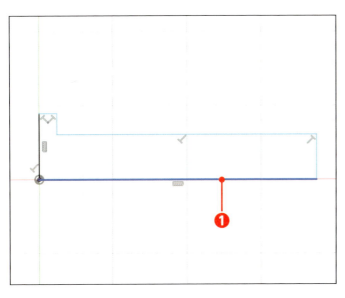

5 中心線にする

[中心線]をクリックします❶。

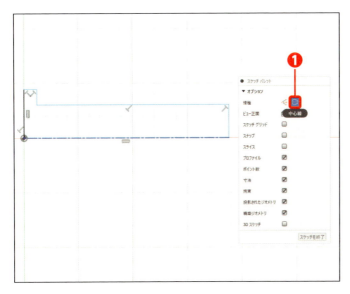

6 コマンドを実行する

［スケッチ寸法］をクリックします❶。

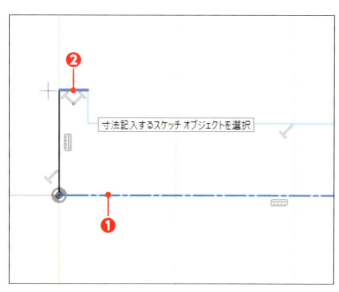

7 要素を選択する

［中心線］をクリックし❶、［線分］をクリックします❷。

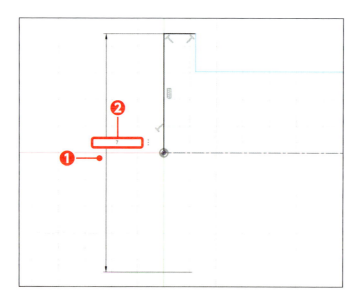

8 値を入力する

左図付近でクリックし❶、値に「7」を入力して❷、Enter を押します。

9 直径を追加する

左図付近に直径「6」を追加します❶。

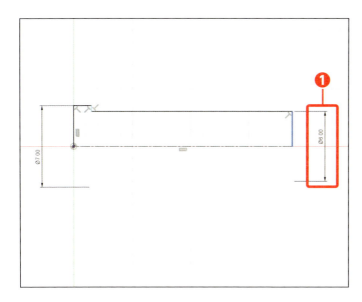

✓ **Check**

直径の追加方法は、手順 7 8 を参照してください。

10 要素を選択する

［中心線］をクリックします❶。左図付近でクリックし❷、値に「45」を入力して❸、Enter を押します。

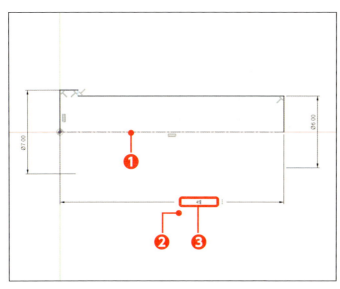

11 長さ寸法を追加する

長さ寸法「2」を追加して❶、［スケッチを終了］をクリックします❷。

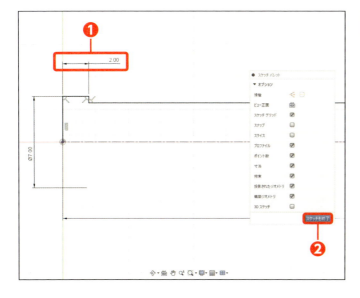

12 ビューを変更する

［ホームビュー］をクリックします❶。

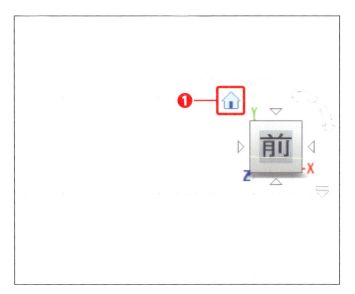

13 コマンドを実行する

［回転］をクリックします❶。

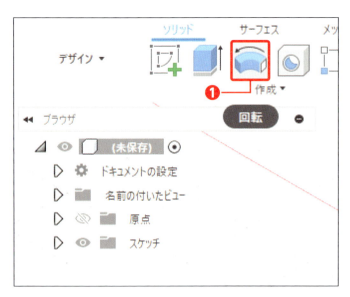

14 OKする

［OK］をクリックします❶。

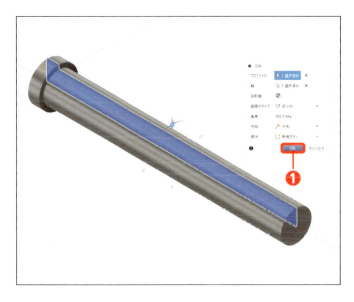

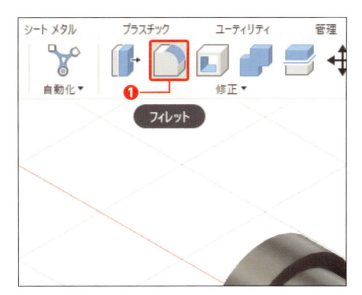

15 コマンドを実行する

［フィレット］をクリックします❶。

16 要素を選択する

［エッジ］をクリックします❶。

17 値を入力する

半径に「3」を入力して❶、［OK］をクリックします❷。

外形をカットする

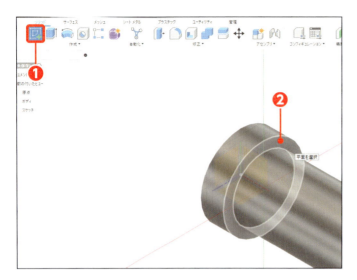

1　コマンドを実行する

［スケッチを作成］をクリックし❶、
［面］をクリックします❷。

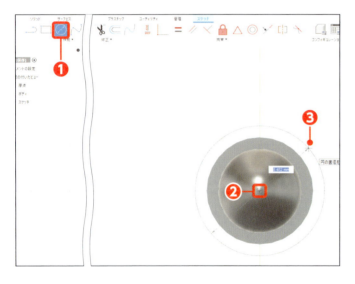

2　円を作成する

［中心と直径で指定した円］をクリックします❶。［原点］をクリックし❷、2点目付近でクリックします❸。

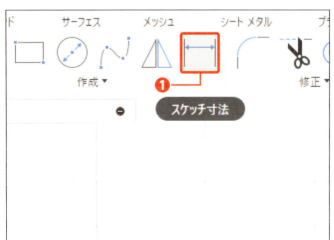

3　コマンドを実行する

［スケッチ寸法］をクリックします❶。

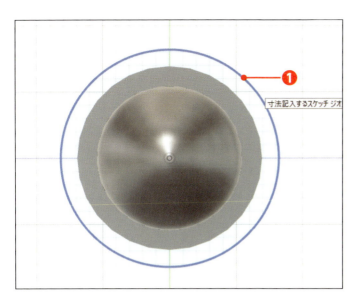

4 要素を選択する

［円］をクリックします❶。

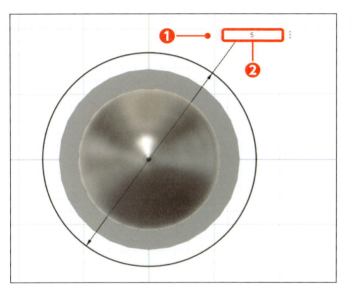

5 値を入力する

左図付近でクリックし❶、値に「5」を入力して❷、Enter を押します。

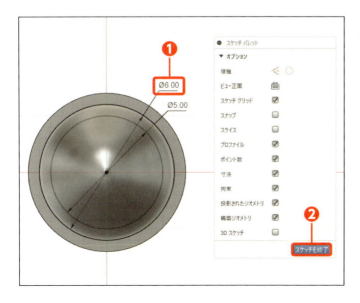

6 円を追加する

直径「6」の円を追加して❶、［スケッチを終了］をクリックします❷。

7 コマンドを実行する

[押し出し] をクリックします ❶。

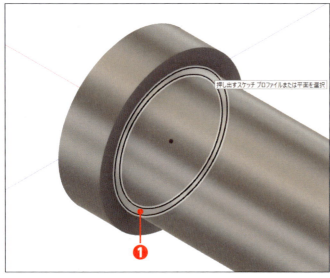

8 プロファイルを選択する

[プロファイル] をクリックします ❶。

✓ **Check**

選択箇所を間違えないように注意しましょう。

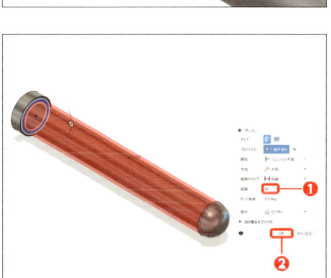

9 距離を入力する

距離に「40」を入力して ❶、[OK] をクリックします ❷。

✓ **Check**

操作は、「切り取り」になります。

角を丸める

1 コマンドを実行する

[フィレット]をクリックします❶。

2 要素を選択する

[エッジ]をクリックし❶、[エッジ]をクリックします❷。

3 値を入力する

半径「0.5」を入力して❶、[OK]をクリックします❷。

割りを作成する

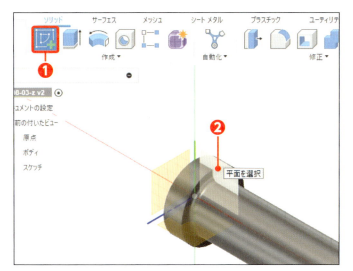

1 スケッチ環境にする

［スケッチを作成］をクリックし❶、［XY平面］をクリックします❷。

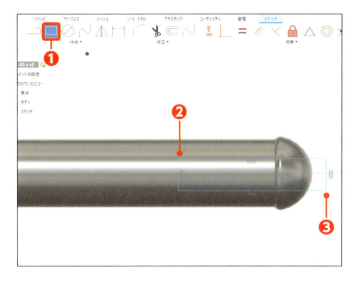

2 長方形を作成する

［2点指定の長方形］をクリックします❶。1点目付近でクリックし❷、2点目付近でクリックします❸。

3 対称拘束を実行する

［対称］をクリックします❶。

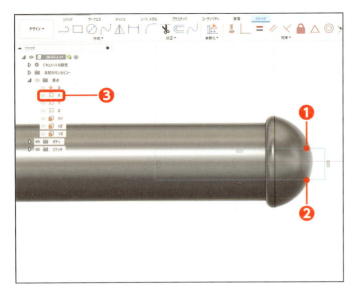

4 要素と対称軸を選択する

[線分]をクリックし❶、[線分]をクリックします❷。原点の[X]をクリックします❸。

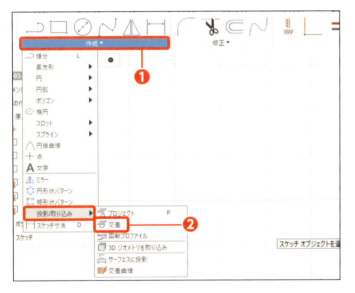

5 コマンドを実行する

[作成]をクリックします❶。[投影/取り込み]→[交差]をクリックします❷。

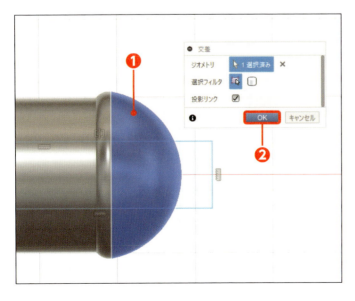

6 要素を選択する

[先端部]をクリックして❶、[OK]をクリックします❷。

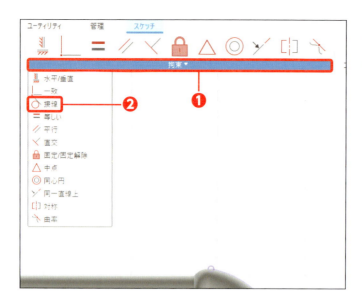

7 接線拘束を実行する

[拘束]をクリックし❶、[接線]をクリックします❷。

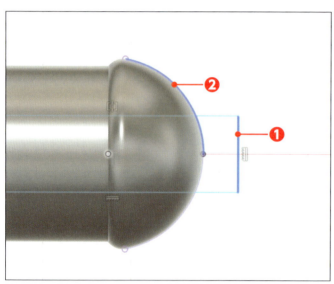

8 要素を選択する

[線分]をクリックし❶、[エッジ]をクリックします❷。

9 コマンドを実行する

[中心と直径で作成した円]をクリックします❶。

10 1点目を選択する

[中点]をクリックします❶。

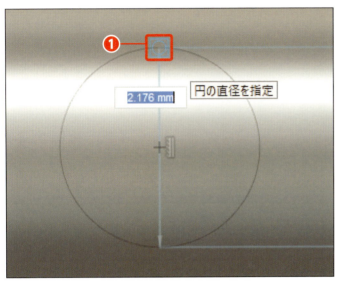

11 2点目を選択する

[端点]をクリックします❶。

12 コマンドを実行する

[トリム]をクリックします❶。

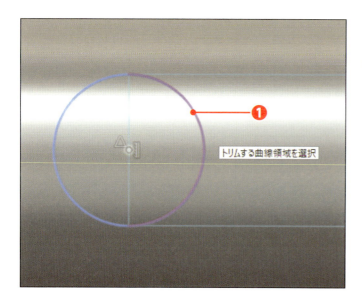

13 要素を選択する

［円］をクリックし❶、Escを押します。

14 コンストラクションにする

［線分］をクリックし❶、［コンストラクション］をクリックします❷。

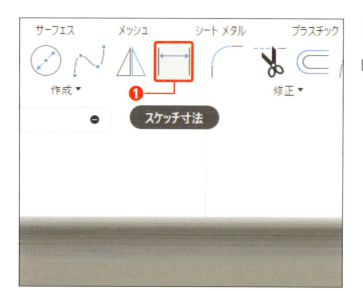

15 コマンドを実行する

［スケッチ寸法］をクリックします❶。

16 長さ寸法を追加する

縦「1」、横「14.5」を追加します❶❷。

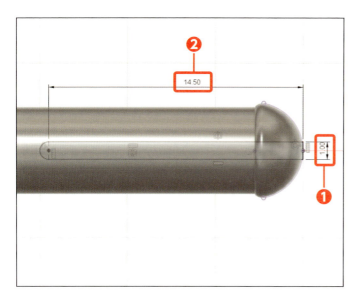

17 スケッチを終了する

[スケッチを終了]をクリックします❶。

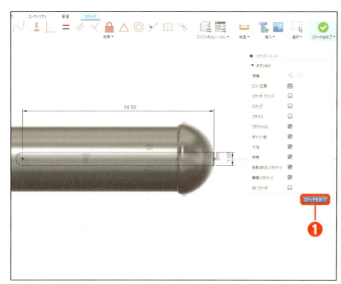

18 ビューを変更する

[ホームビュー]をクリックします❶。

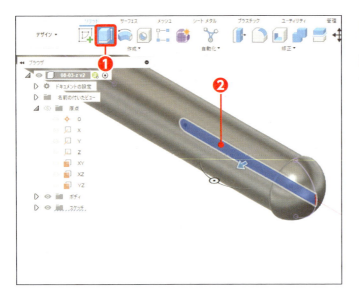

19 プロファイルを選択する

[押し出し] をクリックし❶、[プロファイル] をクリックします❷。

20 方向を設定する

方向の [対称] をクリックします❶。

21 範囲のタイプを設定する

範囲のタイプの [すべて] をクリックして❶、[OK] をクリックします❷。

操作は、切り取りになります。

割りを複写する

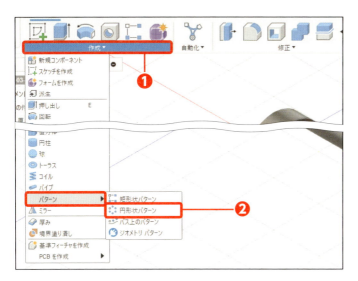

1 コマンドを実行する

[作成]をクリックします❶。[パターン]→[円形状パターン]をクリックします❷。

2 オブジェクトタイプを設定する

オブジェクトタイプの[フィーチャ]をクリックします❶。

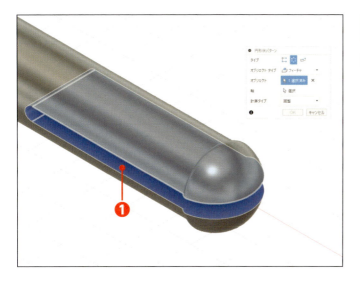

3 オブジェクトを選択する

[割り]をクリックします❶。

4 軸の選択に切り替える

軸の[選択]をクリックします❶。

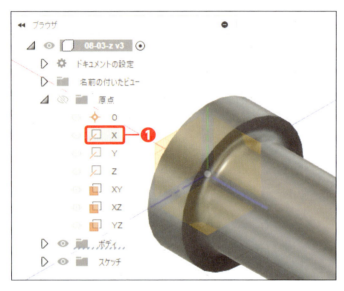

5 軸を選択する

原点の[X]をクリックします❶。

6 分布を設定する

分布の[部分的]をクリックします❶。

7 角度を入力する

角度に「90」を入力します❶。

8 数量を入力する

数量に「2」を入力します❶。

9 OKする

［OK］をクリックします❶。

第 8 章 「蝶番」を作ろう ── パーツ作成

Section 04 各部を計測する

▼ サンプルファイル
練習 08-04-a.f3d
完成 ―

モデルの計測を行います。作成したモデルが図面の寸法通りに作成できているか確認が必要な場合があります。ここでは、各部を測定する方法について学習します。

厚みを測る

1　コマンドを実行する

［計測］をクリックします❶。

2　面を選択する

［面］をクリックします❶。

3 ビューを変更する

[ビューキューブ]をクリックします❶。

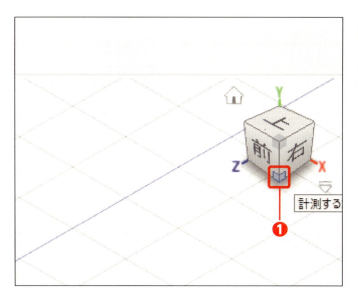

4 面を選択する

「面」をクリックします❶。

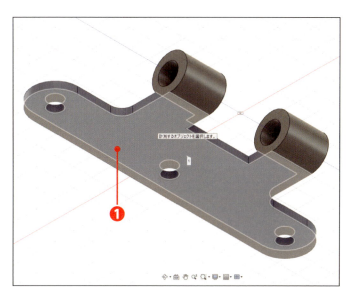

5 結果を確認する

距離が「2」になっていることを確認し❶、[閉じる]をクリックします❷。

✓ **Check**

面を選択すると他に面積やループの長さも同時に測定できます。

穴中心を測る

1 コマンドを実行する

[計測] をクリックします ❶。

> **Point**
> 連続して計測はできないため、毎回コマンドを実行します。

2 チェックを付ける

[スナップ点を表示] をクリックします ❶。

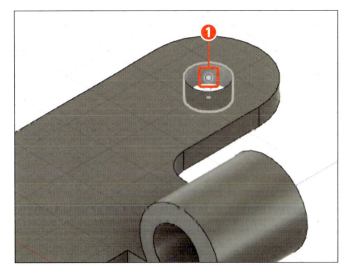

3 スナップ点を選択する

1つ目の [スナップ点] をクリックします ❶。

4 スナップ点を選択する

2つ目の[スナップ点]をクリックします❶。

5 距離を確認する

距離が「31」であることを確認します❶。

6 終了する

[閉じる]をクリックします❶。

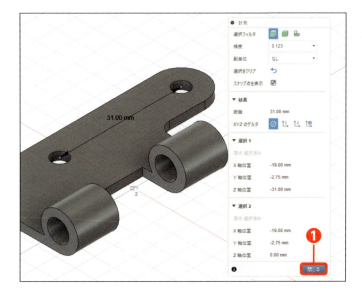

穴の直径を測る

1　コマンドを実行する

［計測］をクリックします❶。

2　要素を選択する

［エッジ］をクリックします❶。

3　結果を確認する

直径が「5.50」になっていることを確認し❶、［閉じる］をクリックします❷。

第9章

「蝶番」を作ろう
──アセンブリ作成

この章で行うこと

この章では、アセンブリとは何かを理解し、アセンブリモデルを作成するための、基本操作としてコンポーネントの挿入、移動や回転、ジョイントについて学習します。その後、蝶番のアセンブリモデルを作成します。

アセンブリとは、作成したパーツ（アセンブリではコンポーネントといいます）同士を組み付けることです。
アセンブリを行うには、まずデータパネルから「現在のデザインに挿入」という操作で、コンポーネントを挿入します。最初に挿入するコンポーネントは、その製品のベースになるものがよいでしょう。アセンブリ内では、組み付けの際、コンポーネントの向きを変えることが多々あります。その際に製品全体の向きが変わってしまわないように、ベースとなるコンポーネントは固定しておきます。
Fusionでアセンブリするには、「ジョイント」という方法でコンポーネントを組み付けます。ジョイントには、7種類の設定がありますがその一つ一つがどのように組み付くのかをアニメーションで確認できます。ジョイントで組み付けるのは、Fusionの特徴といえるでしょう。ジョイントでスムーズに組み付けができるように練習しましょう。
本章で練習を行う前に、プロジェクト「AFSN」にデータをアップロードしておきます。第9章フォルダー内のファイルをすべてアップロードしてください。なお、パーツファイルは拡張子が「.f3d」、アセンブリファイルは拡張子が「.f3z」です。

▷ **POINT 1**

アセンブリの基本操作（挿入、移動、回転）について理解します。

▷ **POINT 2**

ジョイントについて学習します。

▷ **POINT 3**

アセンブリでの編集について学習します。

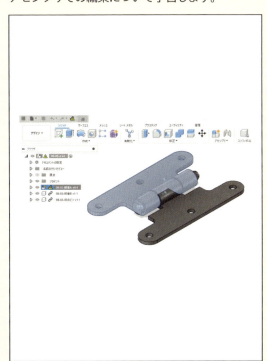

▷ **POINT 4**

締結部品を組み付けます。

第9章 「蝶番」を作ろう──アセンブリ作成

261

第9章 「蝶番」を作ろう — アセンブリ作成

Section 01 アセンブリの基本操作について知る

▼サンプルファイル
練習 ▶ 09-01-a.f3d
完成 ▶ 09-01-z.f3z

ここでは、アセンブリをするコンポーネントの挿入、固定、移動、回転について学習します。コンポーネントは、データパネルから挿入します。最初に挿入するのは、製品の基準となるコンポーネントとし、挿入後に固定します。

蝶番Aを挿入する

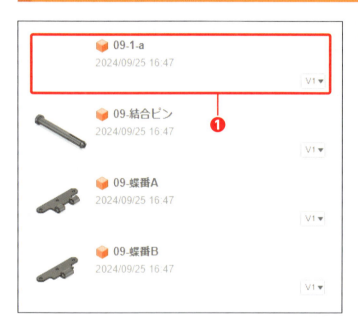

1 サンプルファイルを開く

サンプルファイル［09-1-a］をダブルクリックします❶。

2 挿入を実行する

［09-蝶番A］で右クリックし❶、［現在のデザインに挿入］をクリックします❷。

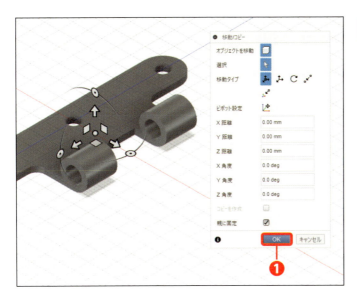

3 OKする

[OK]をクリックします❶。

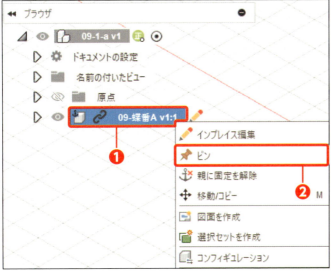

4 ピンを実行する

ブラウザの[09-蝶番A]で右クリックし❶、[ピン]をクリックします❷。

> ✓ **Check**
> 固定するのは基準にするコンポーネントだけです。

5 マークを確認する

PINのマーク が付いたことを確認します❶。

蝶番Bを挿入する

1 コンポーネントを挿入する

[09-蝶番B]で右クリックし❶、[現在のデザインに挿入]をクリックします❷。

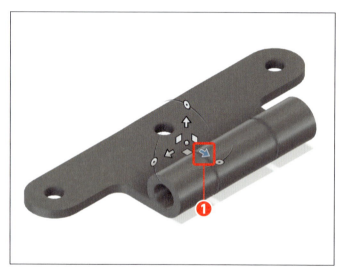

2 矢印を選択する

[矢印]をクリックします❶。

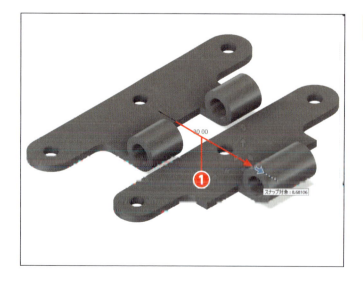

3 ドラッグする

ドラッグします❶。

4 距離を入力する

X距離に「35」を入力します❶。

5 円を選択する

[円]をクリックします❶。

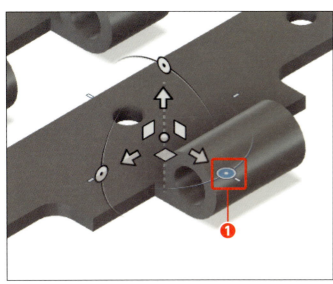

6 円をドラッグする

ドラッグします❶。

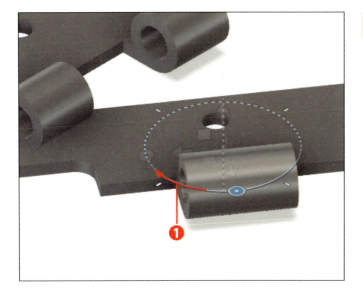

7 角度を入力する

Y角度に「-180」を入力します❶。

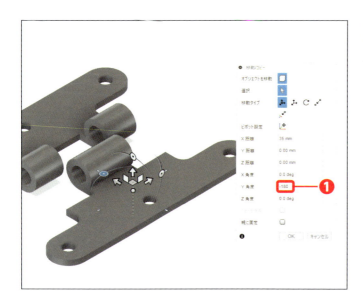

8 OKする

[OK] をクリックします❶。

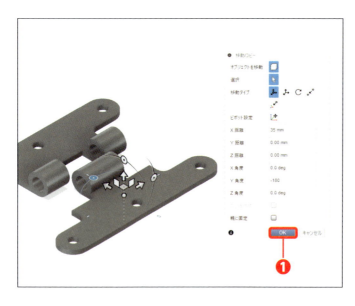

Memo 移動/コピー

後で移動する場合は、移動/コピーを実行します。移動するオブジェクトの「コンポーネント」を選択して、対象のコンポーネントをクリックします。

結合ピンを挿入する

1 コンポーネントを挿入する

[09-結合ピン] を右クリックし❶、[現在のデザインに挿入] をクリックします❷。

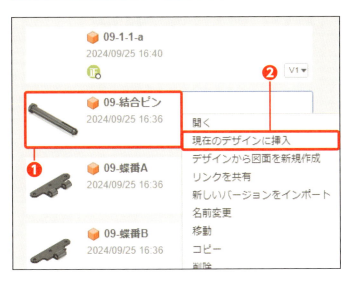

2 矢印を選択する

[矢印] をクリックします❶。

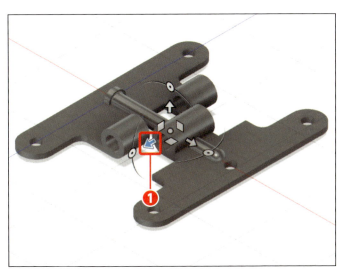

3 値を入力する

Z距離に「50」を入力し❶、[OK] をクリックします❷。

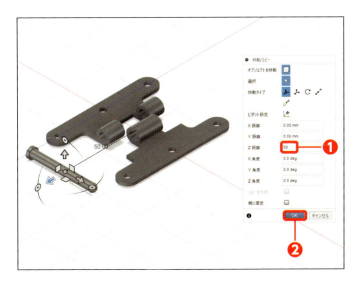

Section 02 ジョイントについて知る

▼サンプルファイル
練習 09-02-a.f3z
完成 09-02-z.f3z

コンポーネントを組み付けるには、「ジョイント」を使用します。ジョイントで組み付けができるのは、ジョイントの原点です。通常は自動で認識されますが、あらかじめ組み付けたい位置に作成することもできます。

ジョイントで組み付ける

1 コマンドを実行する

［ジョイント］をクリックします❶。

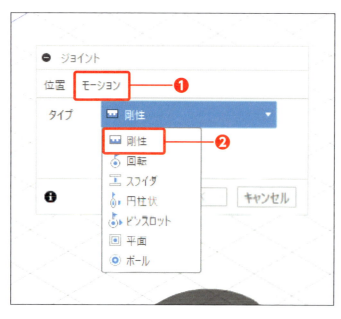

2 モーションを選択する

［モーション］をクリックし❶、［剛性］をクリックします❷。

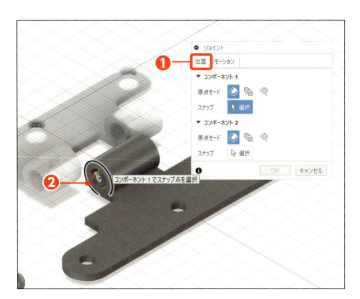

3 コンポーネント1を選択する

[位置] をクリックし ❶、[エッジ] をクリックします ❷。

✓ **Check**
コンポーネントを選択する際は、「位置」タブに切り替えます。

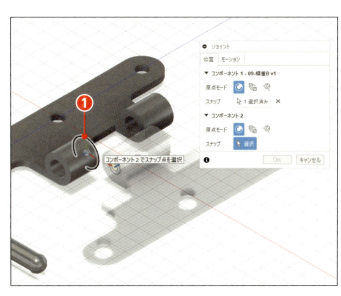

4 コンポーネント2を選択する

[エッジ] をクリックします ❶。

5 OKする

[OK] をクリックします ❶。

6　コマンドを実行する

［ジョイント］をクリックします❶。

7　モーションを選択する

［モーション］をクリックし❶、［剛性］をクリックします❷。

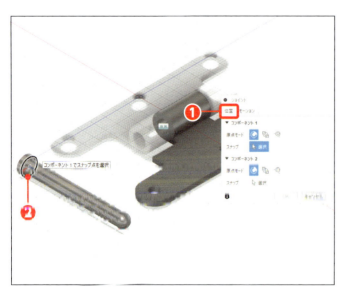

8　コンポーネント1を選択する

［位置］をクリックし❶、［エッジ］をクリックします❷。

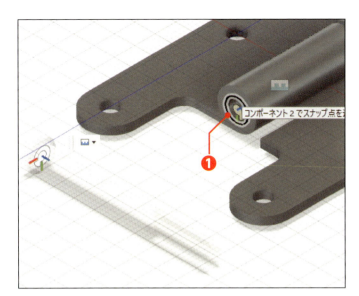

9 コンポーネント2を選択する

［エッジ］をクリックします ❶。

10 OKする

［OK］をクリックします ❶。

📝 Memo　ジョイントの表示

ジョイント部にはアイコンが表示されます。表示／非表示の切り替えは、ブラウザで行えます。

ジョイントを編集する

1　ジョイントを展開する

ブラウザのジョイント左の▷をクリックします❶。

2　ジョイントを編集する

[剛性1]を右クリックし❶、[ジョイントを編集]をクリックします❷。

3　値を入力する

Zのオフセットに「-0.5」を入力して❶、[OK]をクリックします❷。

4 ジョイントを編集する

[剛性1]を右クリックし❶、[ジョイントを編集]をクリックします❷。

5 モーションを選択する

[モーション]をクリックし❶、[回転]をクリックします❷。

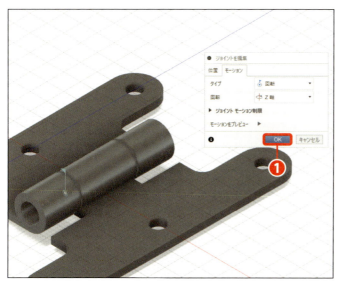

6 OKする

[OK]をクリックします❶。

ジョイントのアイコンが変更になります。

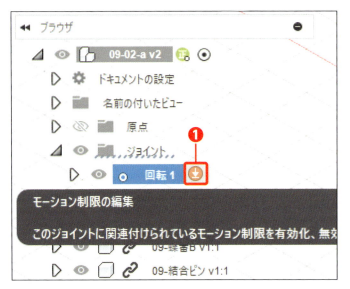

7 モーション制限の編集をする

回転1の[モーション制限の編集]をクリックします❶。

8 チェックを付ける

[最小値]と[最大値]にチェックを付けます❶❷。

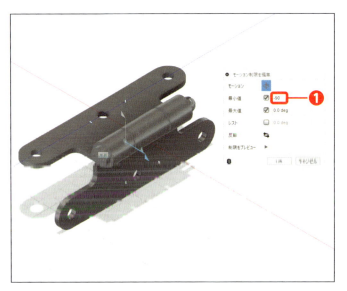

9 最小値を設定する

最小値に「-90」を入力します❶。

10 最大値を設定する

最大値に「90」を入力します❶。

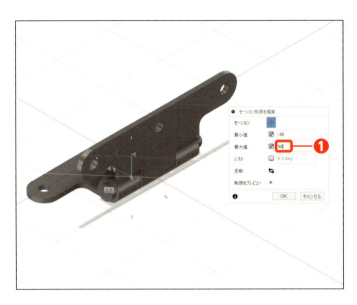

11 動きを確認する

制限をプレビューの[▶]をクリックします❶。

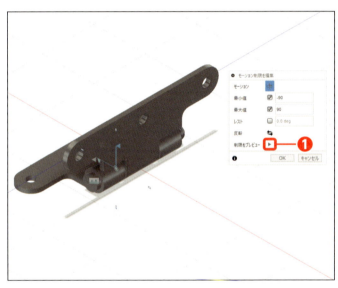

> ✓ **Check**
> ジョイントをアニメーションで確認できます。

12 プレビューを停止する

[■]をクリックして❶、[OK]をクリックします❷。

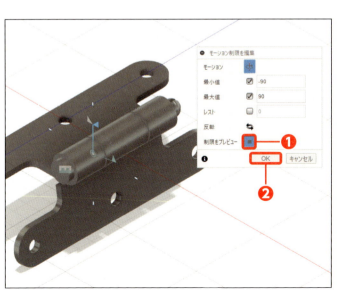

ジョイントの原点を作成する

1 蝶番Aを開く

[蝶番A]を右クリックし❶、[開く]をクリックします❷。

Check

ジョイントの原点は、コンポーネントに設定します。

2 ジョイントの原点を実行する

[アセンブリ]をクリックし❶、[ジョイントの原点]をクリックします❷。

3 原点モードを選択する

[2つの面の間]をクリックします❶。

4　1番目の面を選択する

［面］をクリックします❶。

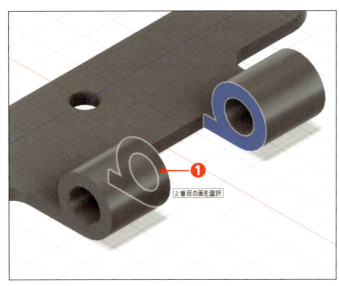

5　2番目の面を選択する

［面］をクリックします❶。

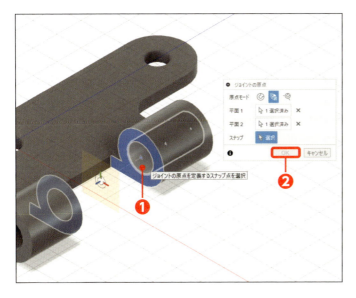

6　スナップ点を選択する

穴の［内面］をクリックして❶、［OK］をクリックします❷。

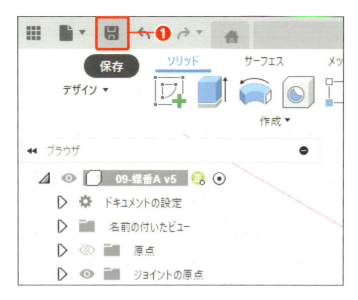

7 上書きする

[保存] をクリックします ❶。

8 蝶番Aを閉じる

蝶番Aの [X] をクリックします ❶。

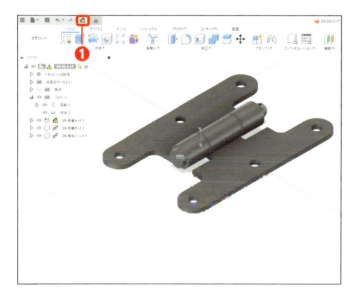

9 アセンブリを更新する

[⚠ (更新)] をクリックします ❶。

Memo　モーション タイプについて

モーション タイプは7種類あります。それぞれの動作は以下の通りです。

❶剛性：コンポーネントをロックし、すべての自由度を削除します。
❷回転：コンポーネントはジョイントの原点を中心に回転します。
❸スライダ：コンポーネントは単一の軸に沿って移動します。
❹円柱状：コンポーネントは、一つの軸を中心に回転し、その軸に沿って移動します。
❺ピン スロット：コンポーネントは、一つの軸を中心に回転し、別の軸に沿って移動します。
❻平面：コンポーネントは、二つの軸に沿って移動し、一つの軸を中心に回転します。
❼ボール：コンポーネントは、三つすべての軸の周りを回転します。

Memo　ジョイントのコツ

ジョイントで組む際は、青い軸の向きを揃えます。たとえば右の図のように円柱状で組む場合、左の図の青い軸の向きが揃うように組み付きます。

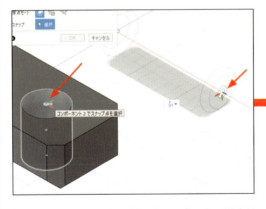
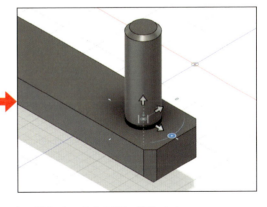

また、下図のように青い軸の向きを変えたい場合は、マウスポインターの先を面にずらします。

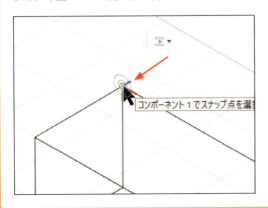
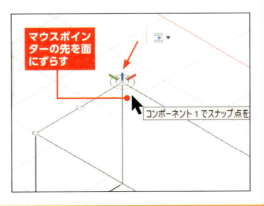

第 9 章 「蝶番」を作ろう ―― アセンブリ作成

Section 03 アセンブリの編集について知る

▼サンプルファイル
練習 ▶ 09-03-a.f3z
完成 ▶ 09-03-z.f3z

前項で作成したアセンブリを編集しましょう。既存のジョイントを削除し、ジョイントの原点で組み直します。パーツ同士の干渉が無いかをチェックし、パーツを編集します。編集後、アセンブリを更新します。

ジョイントを組み直す

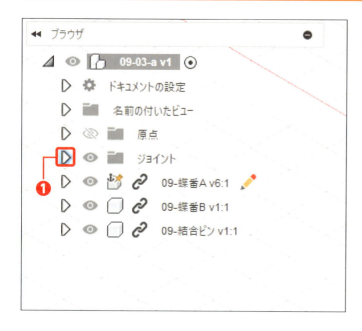

1 ジョイントを展開する

ジョイント左の▷をクリックします❶。

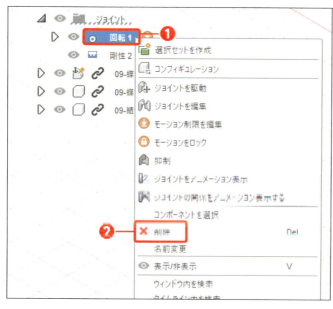

2 ジョイントを削除する

[回転1]を右クリックし❶、[削除]をクリックします❷。

3 コマンドを実行する

[ジョイント]をクリックします❶。

4 モーションを選択する

[モーション]をクリックし❶、[円柱状]をクリックします❷。

5 コンポーネント1を選択する

[位置]をクリックし❶、蝶番Bの[ジョイント原点]をクリックします❷。

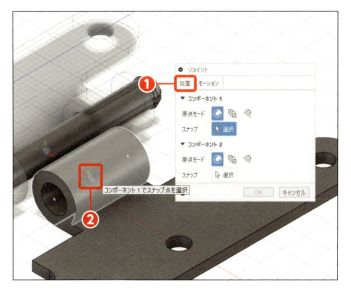

6 コンポーネント2を選択する

蝶番Aの[ジョイント原点]をクリックします❶。

✓ Check

前項で作成したジョイント原点です。

7 モーション制限を設定する

[モーション]をクリックし❶、最小値と最大値にチェックを付けます❷❸。

8 モーション制限を切り替える

[スライド]をクリックします❶。

9 最小値を設定する

最小値にチェックを付け❶、値に「-0.5」を入力します❷。

10 最大値を設定する

最大値にチェックを付け❶、値に「0.5」を入力します❷。

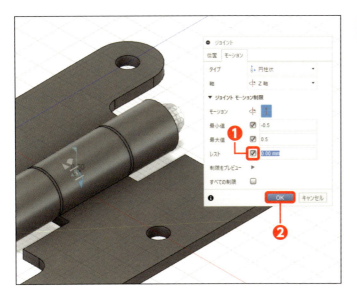

11 レストを設定する

レストにチェックを付け❶、[OK]をクリックします❷。

✓ **Check**

制限をプレビューで、動く範囲を確認しましょう。

干渉を確認する

1 コマンドを実行する

[検査]をクリックし❶、[干渉]をクリックします❷。

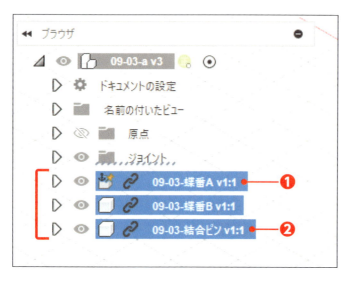

2 コンポーネントを選択する

[Shift]を押しながら[蝶番A]をクリックし❶、[結合ピン]をクリックします❷。

3 計算を実行する

[計算]をクリックします❶。

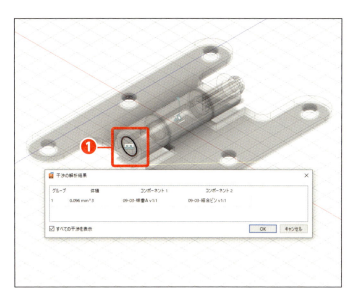

4 結果を確認する

干渉部分を確認します ❶。

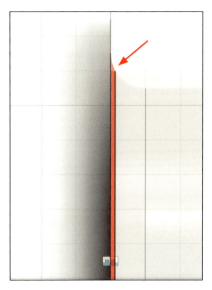

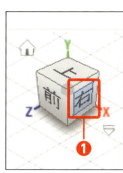

5 ビュー方向を変更する

ビューキューブの [右] をクリックします ❶。

✅ **Check**
変更後、ズームして詳細を確認します。

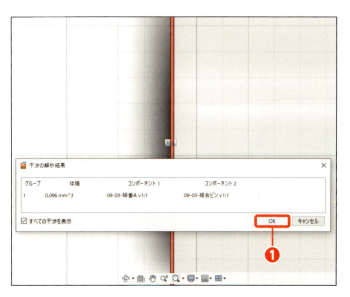

6 OKする

[OK] をクリックします ❶。

蝶番Aを編集する

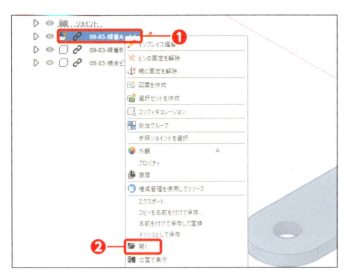

1 蝶番Aを開く

［蝶番A］を右クリックし❶、［開く］をクリックします❷。

2 コマンドを実行する

［修正］をクリックし❶、［面取り］をクリックします❷。

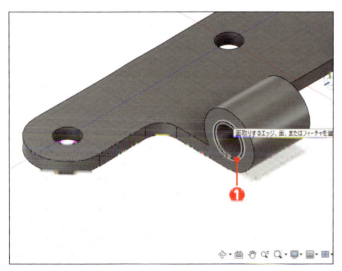

3 要素を選択する

［エッジ］をクリックします❶。

4 距離を入力する

距離に「0.5」を入力します❶。

5 OKする

[OK] をクリックします❶。

6 保存する

[保存] をクリックします❶。

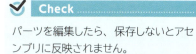

パーツを編集したら、保存しないとアセンブリに反映されません。

7 蝶番Aを閉じる

[X] をクリックします❶。

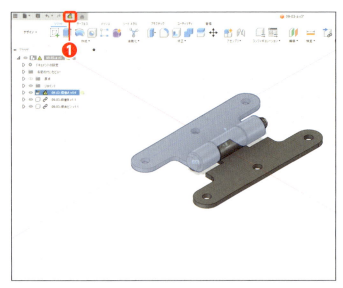

8 更新する

⚠をクリックします❶。

9 ジョイントを選択する

タイムラインの [剛性2] をクリックします❶。

✅ **Check**

パーツの編集により、不具合が発生するとアイコンが黄色くなります。

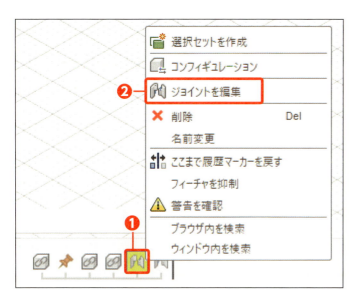

10 ジョイントを編集する

［剛性2］を右クリックし❶、［ジョイントを編集］をクリックします❷。

11 スナップを選択する

［エッジ］をクリックします❶。

Check

面取りによって当初選択したエッジが無くなってしまったことが原因の不具合を解消します。

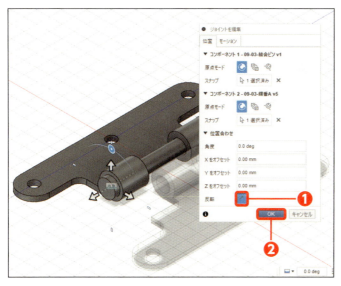

12 コンポーネントを反転する

［反転］をクリックし❶、［OK］をクリックします❷。

Check

コンポーネントが逆になった場合は、反転します。

第9章 「蝶番」を作ろう ── アセンブリ作成

Section 04 締結部品を組み付ける

▼サンプルファイル
練習 09-04-a.f3z
完成 09-04-z.f3z

Fusionの「締結部品」を使って、蝶番を壁などに取り付ける際のねじをアセンブリします。締結部品を選択する際のフィルタリング機能や同様の部品の挿入、締結部品の編集を行います。

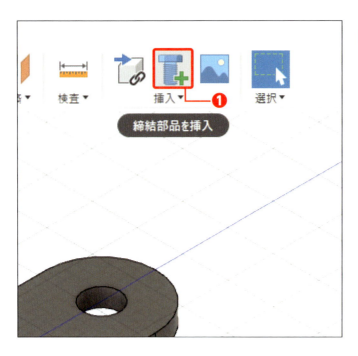

1 コマンドを実行する

［締結部品を挿入］をクリックします❶。

2 カテゴリを選択する

［ボルトとねじ］をクリックします❶。

3 カテゴリを選択する

[丸頭]をクリックします❶。

4 カテゴリを選択する

[シートメタル]をクリックします❶。

5 規格をフィルタリングする

[すべての標準/すべての単位]をクリックし❶、[JIS]をクリックします❷。選択したら、左図付近をクリックします❸。

6 要素を選択する

［なべ C-H］をクリックします❶。

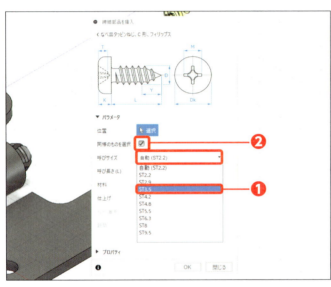

7 呼びサイズを選択する

［ST3.5］をクリックし❶、［同様のものを選択］にチェックを付けます❷。

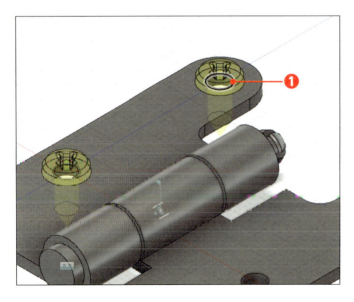

8 位置を選択する

蝶番Aの穴の［エッジ］をクリックします❶。

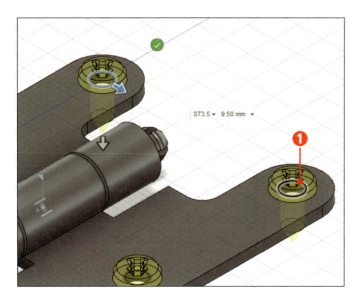

9 位置を選択する

蝶番Bの穴の[エッジ]をクリックします❶。

10 呼び長さを選択する

呼び長さの[13.00mm]をクリックします❶。

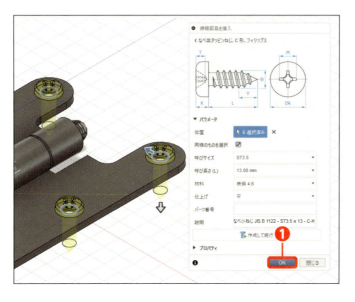

11 OKする

[OK]をクリックします❶。

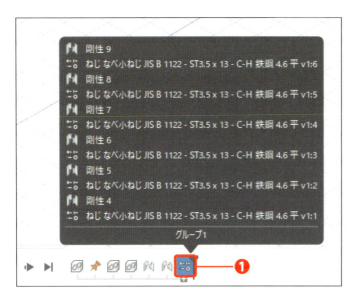

12 締結部品を選択する

タイムラインの[グループ1]をクリックします❶。

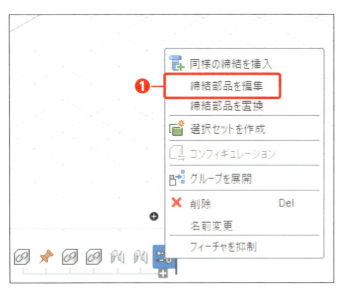

13 締結部品を編集する

右クリックして、[締結部品を編集]をクリックします❶。

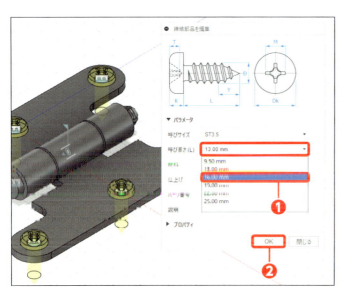

14 呼び長さを選択する

呼び長さの[16.00mm]をクリックし❶、[OK]をクリックします❷。

第 10 章

3Dプリンターの豆知識

この章で行うこと

この章では、3Dプリンターの種類や原理、現在主流のFDM方式の最新事情や3Dプリントの
コツなどちょっとした知識を紹介します。

3Dプリンターといっても造形方式や扱える材料などいろいろな仕様があります。また、対象も
個人向けと企業向けがあり、価格もさまざまです。
FDM（Fused Deposition Modeling：熱溶解積層方式）は現在の3Dプリンター業界のけん引
役といっても過言ではありません。価格も手ごろで個人でも手に入れやすくなっています。
ものづくり業界では、これまでの切削加工や射出成型などに加え、3Dプリンターにより生産方
法が1つ追加されたともいえるでしょう。数年前と比べて、造形スピードが格段に速くなってい
たり、カラフルな造形もできるようになっています。また樹脂だけでなく、金属プリンターも主
流になりつつあります。
主な方式を下表にまとめましたので参考にしてください。

	方式	特徴	主な材料
樹脂プリンター	FDM（FFF）	現在もっとも主流の方式で、使いやすさ、低コスト、豊富な材料で造形できる。	PLA、ABS、ASA、カーボン、ゴム
	光造形	造形速度や制度に優れているため、微細な造形物を作るのに適している。コストは高め。	エポキシ系樹脂、アクリル系樹脂
	インクジェット	光造形の一種で、違った材料を同時に吐出できるため、より精密な造形ができる。	UV硬化性樹脂
	シート積層	シート状の材料を積層し、カットするという製法のため、比較的大きな造形物が作れる。	PVC（ポリ塩化ビニル）
金属プリンター	BMD（Bound Metal Deposition）	金属の粉末と結合剤を混錬した材料で造形する。	チタン合金
	パウダーベッド	金属粉にレーザービーム等を照射し、固める方法で造形するため、より精密なものを作ることができる。	ステンレス、チタン、ニッケル、アルミ

Section 01 3Dプリンターの原理

3Dプリンターにはさまざまな方式があり、造形の仕方も異なります。どのように造形するのか確認しておきましょう。

FDM/FFF方式

フィラメントを高温ノズルで溶かしながら、XY方向に移動し、Z方向に積層しながら造形する。

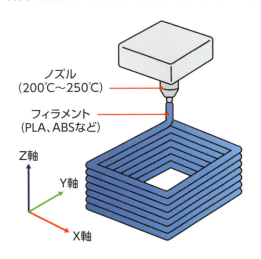

インクジェット方式

樹脂を噴霧し、紫外線を照射して硬化させて造形する。

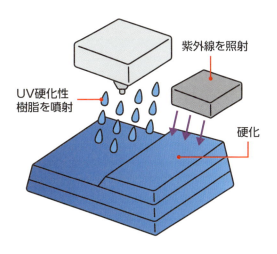

シート積層方式

シート状の樹脂を結合剤で張り合わせながら、カットして造形する。

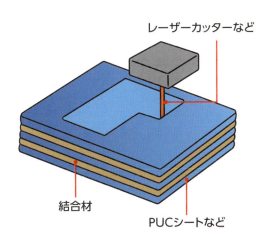

パウダーベッド方式

金属粉にレーザービームなどを照射して固め造形する。

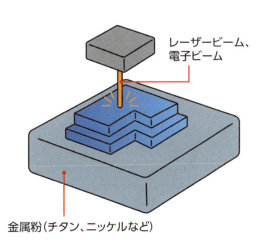

第10章 3Dプリンターの豆知識

Section 02 FDM方式の3Dプリンターの最新事情

現在のFDM方式（熱溶解方式）の3Dプリンターは、数年前に比べてかなり性能が向上しています。さまざまなメーカーがしのぎを削って開発していますので、今後もより性能の良いものが発売されるでしょう。

以前の3Dプリンターとの比較

3Dプリンターの性能は向上し続けており、印刷スピードは、おおよそ100mm/sから600mm/sに、印刷できる色は単色から多色印刷に、積層痕（造形物の表面）もなめらかに印刷できるようになりました。また、フィラメント材料は主に樹脂系ですが、金属を含むものを多く見かけるようになりました。スライサーソフトもプリントに最適な方向に自動でセットしてくれるものもあります。

印刷スピードによる違い

印刷時間 60分

印刷時間 21分

※左画像は以前の機種、右画像は最近の機種で造形したもの

単色と多色

単色印刷

多色印刷

積層痕の違い

Section 03 3Dプリントのコツ

3Dプリンターの性能がアップしても、適切な方法で使用しなければ、その効果は期待できません。ここでは、3Dプリンターで少しでも仕上がりに差をつけるためのちょっとしたコツをお伝えします。

◆ プリントする方向や形状に注意して設定する

立体物をプリントするには、重力を意識し、ピラミッド型になるようにセットすると綺麗な仕上がりになります。また、円筒のような形状の場合（穴なども）横にするのではなく、できるだけ縦に印刷するようにします。

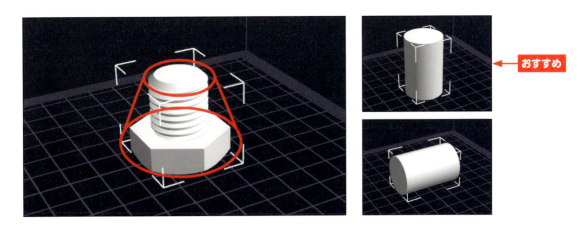

◆ 積層ピッチ（高さ）の設定を変更する

標準的なピッチは0.2～0.3mmですが、設定を細かくしてプリントすれば、よりきれいな仕上がりになります。

積層ピッチによる表面の違い

0.3mm

0.15mm

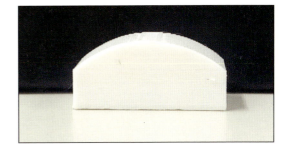

プリントの印刷方向

FDM（FFF）方式の3Dプリンターで印刷する際、L字型の造形物を縦に印刷する（縦印刷）か、横に印刷する（横印刷）かで強度に違いがあることを意識しましょう。

FDM（FFF）方式の3Dプリンターは、XY方向にノズルが移動し、Z方向に積層して印刷します。下図にそのイメージを記します。

ノズルの移動方向

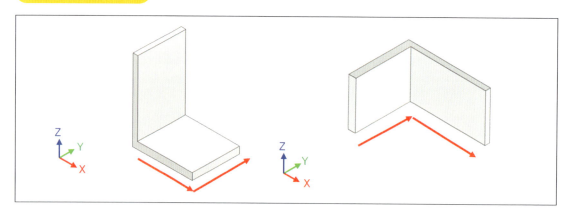

造形物を縦に印刷すると繊維の方向は左の図のようになり、角部は弱くなります。造形物を横に印刷すると、繊維の方向は右の図のようになり、角部は強くなります。

縦印刷した場合の繊維方向

横印刷した場合の繊維方向

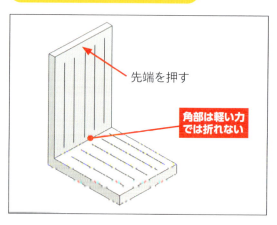

※3Dプリンターをお持ちの方は、ダウンロードしたデータ「10-01-a.stl」を縦横に印刷し、指で先端を押してみてください。違いがわかると思います。

第10章 3Dプリンターの豆知識

Section 05 内部充填率

造形物によっては、印刷方向を変更することが難しい場合があります。たとえば、図のような造形物で矢印方向に力がかかる場合を考えます。

穴形状、造形中のサポートや後処理などを考えると一般的には下左図のようにして印刷するほうが印刷しやすいと思いますが、力のかかる向きを考えると下右図のようにして印刷するのが理想です。

下左図のように印刷する場合は、内部充填率を上げて強度を上げることも考えましょう。通常、造形物の内部は、隙間がありますがその隙間を少なくするように印刷するのです。ただし、造形に時間がかかり材料も多く使用するので、用途などを考慮する必要があります。

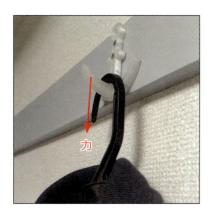

内部充填率の違い

15% 37分

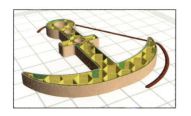

60% 58分

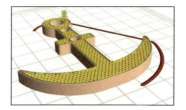

95% 77分

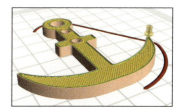

301

索引

記号・英数字

.f3z	260
2段階認証	24
3D CAD	16
3Dプリンター	296
Autodesk Fusion	16
BMD	296
FDM/FFF方式	297
FDM方式	296
JIS	291
PCに保存	39

ア行

アセンブリ	260, 280
アップデート	31
アップロード	36
穴	215
穴中心	256
穴の直径	258
アプリケーションバー	28
移動／コピー	266
インクジェット方式	297
印刷スピード	298
印刷方向	300
インストール	18
インストール型	17
円弧	68
円柱	52
円柱状	279
押し出し	79
オフセット平面	180

カ行

回転	279
回転フィーチャ	116, 118

過剰拘束〜

過剰拘束	73
カット	106
画面操作	40
干渉	284
完全拘束	78
規格	291
幾何拘束	70
起動	22
球	54
切り取り	58, 82
金属プリンター	296
クラウド型	17
結合	56, 80
原点	28
交差	60, 84
更新	31
剛性	279
構築平面	138, 150
コンポーネント	260

サ行

差	58
材料	92, 130
サインアウト	22
シート積層方式	297
シェルフィーチャ	138, 178
質量	132
終了	22
樹脂プリンター	296
ジョイント	260, 268, 280
ジョイントの原点	276
ジョイントの表示	271
ジョイントを編集	272
初期設定	34
ジョブステータス	31
スイープフィーチャ	138, 159
水平	67

スケッチ	66		光造形	296
スライダ	279		等しい拘束	73
スロット	204		ビューキューブ	28, 42
寸法	74		表示スタイル	43
積	60		ピンスロット	279
積層痕	298		ファイルを保存	44
積層ピッチ	299		フィルタリング	291
セッション数の超過	25		フィレットフィーチャ	104, 126
線分	66		ブーリアン演算	48
挿入	262		複写	251
			ブラウザ	30
			プリミティブ	48

タ行

マ行

対称拘束	72		プリントする方向	299
タイムライン	28		プレビュー	275
多色印刷	298		プロジェクト	32
縦印刷	300		プロファイル	69
単色印刷	298		平面	279
断面	159		編集	86
断面スケッチ	178		放射光	171
チーム	26		ボール	279
中心と直径で指定する円	185		ボディ	88

タ行 (continued)

長方形	98
直方体	50
直径寸法	75
ツールバー	29
締結部品	290
データの種類	39
データパネル	28
投影エッジ	196
ドキュメントの上限	21

マ行

無償版	20
モーションタイプ	279
文字	106, 114
文字を編集	110
モデルの計測	254

ナ・ハ行

ヤ・ラ・ワ行

内部充填率	301		ユーザーインターフェース	28
長さ寸法	76		要素を削除	68
ナビゲーションバー	28		横印刷	300
名前を付けて保存	46		ライセンス	20
ノズル	300		レスト	283
パウダーヘッド方式	297		ログイン	22
パス	159		ロフトフィーチャ	178
ハブ	26		和	56

■著者略歴

田中 正史（たなか まさふみ）

平成９年より溶接機器メーカーの設計に携わる。
平成13年Mクラフト立ち上げ。
平成17年より神奈川県内の職業訓練校にて機械CADの
非常勤講師を15年以上経験。
授業や講習会では、業界未経験者やCADに初めて触れる
方にわかりやすく説明することを心掛けています。

●装丁：菊池　祐（ライラック）
●DTP・本文デザイン：リンクアップ
●編集：渡邉　健多

■お問い合わせについて

本書の内容に関するご質問は、下記の宛先までFAXまたは書面にてお送りください。お電話によるご質問、
および本書に記載されている内容以外のご質問には、一切お答えできません。あらかじめご了承ください。

宛先：〒162-0846　東京都新宿区市谷左内町21-13　株式会社　技術評論社　書籍編集部
『はじめてでもできる　Autodesk Fusion入門　［改訂新版］』質問係
FAX：03-3513-6167
https://book.gihyo.jp/116

なお、ご質問の際に記載いただいた個人情報は質問の返答以外の目的には使用いたしませ
ん。また、質問の返答後は速やかに削除させていただきます。

はじめてでもできる
Autodesk Fusion入門　［改訂新版］

2022年 7 月 8 日　初版　　第 1 刷発行
2025年 4 月 25 日　第 2 版　第 1 刷発行

著　者　田中　正史
発行者　片岡　巖
発行所　株式会社技術評論社
　　　　東京都新宿区市谷左内町21-13
　　　　電話　03-3513-6150　販売促進部
　　　　　　　03-3513-6160　書籍編集部
印刷／製本　株式会社加藤文明社

定価はカバーに表示してあります

本書の一部または全部を著作権法の定める範囲を超え、無断で複写、複製、転載、あるいはファイ
ルに落とすことを禁じます。

ⓒ2025　山中正史

造本には細心の注意を払っておりますが、万一、落丁（ページの抜け）や乱丁（ページの乱れ）が
ございましたら、弊社販売促進部へお送りください。送料弊社負担でお取り替えいたします。

ISBN978-4-297-14768-6 C3055
Printed In Japan